KB023380

SUPERINTELLIGENCE

우리의 상상은 현실이 된다

김명철 지음

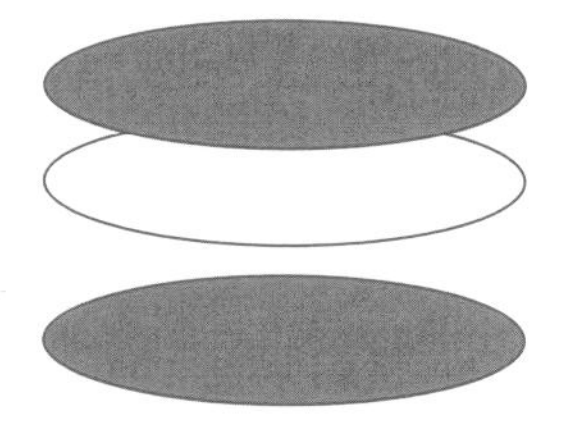

PROLOGUE

공존의 뉴노멀

2010년대 한국인의 뉴노멀은 무엇이었을까? 우리의 일상과 인식을 보편적으로 변화시켜 그에 반하는 행동을 하면 이상한 사람 취급을 받고 그에 역행하는 현상을 접하면 세상이 뒤집힌 듯한 느낌이 드는 것에는 무엇이 있을까?

꾸준히 발전해온 모바일 라이프는 2010년대를 관통하는 한국인의 뉴노멀 가운데 하나였다. 이제는 어디를 가서 무엇을 하려면 "일단 네이버 앱을 켜주세요", "카카오톡으로 하시면 돼요"라는 이야기를 듣게 마련이고, 내 휴대폰에 이런 앱이 깔려 있지 않다고 하면 상대의 얼굴에 떠오르는 곤혹감을 읽어낼 수 있다. '뭐 이런 원시인이 다 있어?'라며 진기한 것을 바라보는 눈빛 또한 묻어난다. 이정도면 가히 뉴노멀이라 할 만하다.

하지만 내게는 빠르게 정착된 모바일 뉴노멀이나 나를 바라보는 측은한 눈빛보다 더 신경 쓰이는 뉴노멀이 있다. 2010년대에 들어와 급격히 텁텁해진 공기다. 우리나라는 원래 사계절 중 봄철에만 공기 질에 신경 쓰면 되는 나라였는데 이제는 우리에게도 청량한 계절이 있었다는 사실을 언급하는 것만으로 옛날 사람 취급을 받는 지경에 이르렀다. 1년 365일 내내 갑갑한 공기 속에서 살다 보니 공기가 깨끗한 날이 비정상, 애브노멀로 여겨질 정도다. 여름철에는 더위 걱정보다 미세먼지 걱정이 더 크고 겨울철이 오면 옷을 어떻게 껴입어야 하는지보다 집에 와서 옷을 얼마나 털어대야 할지가 고민이다.

그러다 코로나 팬데믹이 찾아왔다. 수많은 사람들이 바이러스로 고통받고 그보다 많은 사람들이 경제생활과 복지, 행복 추구 면에서 타격을 입었다. 나 또한 글 쓰고 강의하며 살아가는 사람으로서 코로나 시대에 큰 어려움을 겪고 있다. 하지만 코로나 팬데믹이 전적으로 나쁜 것만은 아닐지도 모른다고 느낀 순간도 있다.

2020년 여름에는 예년에 비해 공기가 맑고 쾌적한 날, 숨쉬기 편한 날이 많았다. 서서히 멀어져가다 어느새 생이별하기 직전에 놓인 맑은 공기를 다시 경험하고 그 소중함을 새로이 각인할 수 있는 나날들이었다. 코로나가 불러온 맑은 여름 하늘을 보며 많은 이들이 비슷한 생각을 떠올렸다. 사람이 활동을 덜 하니 자연이 살아나는구나. 우리가 조금만 자제한다면 맑은 공기와 깨끗한 물, 비옥한 토지 등 삶의 풍요와 행복의 근간이 되는 요소들을 되살릴 수 있겠구나. 이런 생각을 하게 되었다는 것은 우리가 과거의 노멀이었던 인간 중심적 사고에서 벗어났음을 의미한다.

이제 우리는 자원을 개발하고 인구를 불리고 국토를 콘크리트로 뒤덮어 사람만 살기 좋은 곳을 만들려 했다가는 사람도 살기 힘든 곳을 만들 뿐이라는 사실을 안다. 삶의 질을 향상시키고 행복을 추구함에 있어서 자연과의 공존이 동반되어야 한다고 생각한다. 환경과 자원을 무작정 섭취하고 약탈하는 것이 아니라 최소한으로 빌려 쓰며 일정 부분을 돌려줄 방법을 마련하려 한다. 이것이 21세기의 여러 국가와 사회를 이끌 새로운 철학, 공존의 뉴노멀이다.

인류의 역사가 일보 후퇴와 이보 전진이 어우러진 소용돌이의 역사라면 공학 또한 이 소용돌이를 만드는 중요한 동력이라고 할 수 있다. 지난 백 년간 공학은 과학과 심리학과 철학까지 흡수하며 역사의 중심으로 부상해왔다. 그간의 공학 발전사는 인류의 꿈과 욕망이 날뛰고 정련되고 융합하고 진화하는 모습을 전시한 한 편의 드라마와 같았다. 이 드라마가 앞으로 어떻게 전개될지 이해하려면 우리가 소망하는 미래가 어떤 모습인지 알 필요가 있다.

21세기에 주목받고 있는 공학 기술들 속에는 인류의 새로운 목표와 꿈과 열망, 즉 공존의 뉴노멀이 짙게 반영되어 있다. 오늘날의 공학자들은 우리가 살아가는 터전인 지구의 환경이 위태로우며 자원이 유한하다는 사실을 기본 전제로 삼고 기술적 상상력을 전개해나가고 있다. 이들의 목표는 인간의 삶을 더 풍요롭고 행복하게 만들면서 지구 환경에 미치는 악영향은 줄이는 기술을 개발하는 것이다.

이 책에서 우리는 공존의 가치를 추구하는 다양한 미래 기술에 대해 살펴볼 것이다. 가장 먼저 소개할 배터리 기술은 에너지를 다양한 형태로 보관했다가 쓰고 싶을 때 꺼내 쓰는 기술이다. 우리가 보유한 에너지를 더 효율적으로 활용하고 공해를 줄이며, 특히 재생 에너지 기술과 융합되어 인류 문명과 자연의 관계를 새롭게 정립하는 데 도움을 줄 기술이다. 이어서는 광범위한 정보통신 네트워크와 배터리 기술을 활용하는 자율주행 기술에 관해 알아본다. 운전자와 탑승자를 더 행복하게 만드는 동시에 교통체증과 공해를 감소시킬 수 있기에 벌써부터 큰 관심을 모으고 있는 기술이다.

배터리 기술의 발전과 더불어 꾸준한 연구가 진행되고 있는 웨어러블 로봇 기술은 인간의 약점을 효과적으로 보완해 우리를 더 행복하고 유능한 존재로 만들어줄 수 있다. 연이어 소개할 3D 프린터 기술은 각종 제품의 생산 및 소비 양상 전반에 근본적인 변화를 불러올 것이며, 의료 분야부터 핵융합 기술에 이르기까지 널리 응용되고 있는 레이저는 우리가 미래를 그리는 데 있어서 빼놓을 수 없는 도구다.

인간의 눈이 가닿기 어려운 아주 작은 규모의 세계에서 인류의 복지를 향상시키고 환경오염과 싸우며 에너지 효율을 증대시키는 나노 기술과, 자연과 공존하는 것을 넘어서 자연으로부터 직접 가르침을 얻는 생물 모방 기술 또한 미래 기술을 이야기할 때 반드시 살펴보아야 할 기술들이다.

현재진행형으로 발전 중인 21세기 공학 기술의 최전선을 다루고 있다 하여 지나치게 어려운 용어와 이론이 등장하지는 않을까 노심초사하는 독자들에게 드리는 말씀: 이 책을 여러분에게 선보이는 나는 공학자가 아니라 심리학자다. 21세기의 뉴노멀을 형성할 공학 기술들을 대함에 있어 전문가보다는 여러분과 가까운 눈높이를 지닌 사람이다. 같은 미래를 꿈꾸며 그 꿈을 구현해 내는 공학 기술의 경이로움에 함께 빠져들어 보자.

차례

CHAPTER 2 자율주행

CHAPTER 3 웨어러블 로봇

CHAPTER 4 3D 프린팅

CHAPTER 7 생물 모방 기술

CHAPTER 1

배터리

우주의 절대 법칙

세상 모든 것은 흩어진다. 이는 종말론 염세주의 사이비 종교의 교리가 아니라 우주의 시공간을 관통하는 근본 원리 가운데 하나다. 세상의 모든 에너지는 흩어진다.

"이 광고가 나오는 30초 동안 지구에 도달하는 태양광만으로 전 인류가 48시간 동안 사용할 에너지를 만들 수 있습니다"라는 TV 광고가 있다. 이는 태양이 어마어마한 에너지를 가지고 있을 뿐만 아니라 지금 이 순간에도 막대한 에너지를 복사열의 형태로 온 우주에 흩뿌리고 있음을 이야기한다. 태양은 앞으로 50억 년 동안 계속해서 에너지를 뿜어내다가 결국 사멸할 것이다.

지구가 30초 동안 받아들인 에너지, 인류가 48시간 동안 사용할 수 있다는 이 어마어마한 태양열 에너지는 온갖 형태로 전환되고 분산되며 지구상의 모든 생명체와 자연현상을 지탱한다. 자연은 갖은 방법으로 태양 에너지를 유통하고 소비하며 태양과 함께 늙어가다가 결국 최후를 맞이할 것이다.

이는 우리의 태양뿐만 아니라 우주의 모든 뜨거운 것들이 공통적으로 갖는 속성이다. 항성이 내포한 뜨거운 에너지는 항성 안에 똘똘 뭉쳐 있지 못하고 서서히 차가운 우주로 흩어진다. 겨울날 집을 아무리 따뜻하게 해놓아도 열은 결국 차가운 바깥세상으로 달아나 버린다. 여름날 집을 아무리 시원하게 유지하려 해도 바깥의 열이 집 안으로 침투하는 것을 막을 수는 없다.

이처럼 에너지가 분산되는 것을 우리는 엔트로피라고 부른다. 우주의 어떤 존재도 엔트로피의 증가를 막을 수는 없다. 지구상의 생명체들이 어떤 활동을 하면 그 과정에서 에너지가 분산된다.

태양 에너지를 가장 알차게 활용하는 것처럼 보이는 녹색식물들도 자신이 받아들인 에너지의 일부만을 사용해 광합성을 한다. 미처 쓰이지 못한 나머지 에너지는 속절없이 흩어지고 만다. 소가 풀을 뜯어 먹고 살을 찌울 때에도 엔트로피가 증가하며, 인간이 이 소를 잡아먹고 살을 찌울 때에도 엔트로피가 증가한다. 엔트로피는 우리가 생명 활동과 경제 활동의 모든 단계를 거칠 때마다 늘어나고 우리가 숨을 쉬고 웃고 슬퍼할 때마다 증가한다.

모든 에너지는 흩어지고 생명은 늙고 자연은 마모된다. 이것은 누구도 거스를 수 없는 현상이다. 시간이 흐를수록 엔트로피는 증가한다는 것이 그 유명한 열역학 2법칙 '엔트로피의 법칙'이다. 이 법칙은 많은 사람들의 탄식을 자아내고 여러 철학자와 종교가를 염세주의자로 만들었지만, 한편으로 사람들의 도전 정신을 부추기고 상상력을 촉진함으로써 중요한 통찰들을 이끌어 냈다.

미국의 SF 작가인 필립 K. 딕은 인간과 엔트로피라는 주제를 가지고 한평생 소설을 썼다. 〈토탈 리콜〉, 〈마이너리티 리포트〉 등은 그의 소설을 원작으로 삼아 제작된 영화들인데, 이 가운데 인간과 엔트로피라는 주제 의식이 가장 잘 드러나 있는 작품이 바로 리들리 스콧 감독의 〈블레이드 러너〉(1982)다.

『안드로이드는 전기양의 꿈을 꾸는가?』를 바탕으로 하는 이 영화에는 지성을 갖춘 인조인간 '레플리컨트'가 등장한다. 이들은 인간의 필요에 따라 쓰이다가 효용이 다하면 버려질 운명을 타고났는지라 성인의 모습을 한 채로 태어나고 수명이 짧다. 우주 식민지 구축이라는 혹독한 임무에 투입된 레플리컨트 가운데 일부는 반란을 일으키거나 탈주해 지구로 숨어들기도 한다. 주인공 릭 데커드는 탈주 레플리컨트를 사냥하는 '블레이드 러너'다. 그는 최근 탈주한 여섯 명의 레플리컨트를 사냥하는 임무를 맡는다.

데커드가 레플리컨트를 하나하나 처리해나감에 따라 이들

이 탈주한 이유가 밝혀진다. 탈주자들의 리더인 로이는 레플리컨트를 창조한 과학자를 찾아가 자신들의 유한한 생명을 연장하는 방법을 알아내려 한다. 하지만 로이를 만든 사람 또한 연구를 거듭했으나 레플리컨트의 수명을 늘리는 법을 찾지 못했다. 끝도 없이 추적추적 비가 내리는 LA의 건물 옥상에서 데커드와 마지막 대결을 펼치던 로이는 생명의 유한함에 비통해하며 주어진 생을 마감한다.

〈블레이드 러너〉는 묵직한 내용과 어두운 분위기 때문에 당대에는 흥행에 실패했으나 이후 평단의 재평가를 통해 SF 영화의 전설로 자리매김했다. 생명의 유한함과 열역학 2법칙의 절대성 앞에 무릎 꿇고 통곡하는 로이의 모습은 지금까지도 사람들 사이에 회자되곤 하는 명장면이다. 비록 우리가 노화와 죽음에서 벗어날 수 없다 해도, 엔트로피가 반드시 증가할 수밖에 없다 하더라도, 엔트로피와 싸우며 조금의 양보라도 얻어내고자 하는 일은 지극히 인간적이며 숭고한 투쟁이라고 이 영화는 말한다.

안티 엔트로피 항쟁의 최전선

전기가 인류의 풍요와 번영의 필수품으로 자리한 지 100년이 훌쩍 넘었다. 1882년 에디슨이 뉴욕과 런던에 세계 최초의 화력 발전소를 세우고 위스콘신에 처음 수력 발전소를 건설한 것을 기준으로 하면 140년이 다 되어간다. 이 기간 동안 전기 에너지 분야는 인간이 엔트로피 법칙에 맞서 싸운 치열한 안티 엔트로피 항쟁의 전장이었다.

그간의 전투는 엔트로피 측에 유리하게 진행되어왔다. 엔트로피 군대의 사령관은 전투보다 자신의 생일 파티를 어디서 어떻게 즐길까 하는 문제에 몰두해도 될 만큼 여유가 있었다. 엔트로피 사령관의 자신감은 크게 두 가지 사실에서 비롯되었다.

첫째는 우리가 전기를 만들고 운반하고 소비할 때 매번 엔트로피가 증가한다는 점이다. 둘째는 우리가 전기를 생산하고 사용할 때 증가하는 엔트로피를 최소한으로 줄인다 해도, 결국 만들어놓은 전기를 제때 다 쓰지 못해 헐값에 엔트로피 사령관에게 되넘기고 만다는 점이다.

인간은 엔트로피의 이 두 가지 이점을 무력화하기 위해 갖은 애를 썼다. 전기를 효율적으로 생산하고 소비하는 방법을 궁리했으며, 생산한 전기를 잘 보관했다가 소비자들이 필요할 때 쓸 수 있도록 하는 방법을 고안했다. 앞으로 우리가 살펴볼 배터리 기술은 어렵사리 만든 전기를 어떻게 보관했다가 용이하게 쓸 것인지에 관한 기술이다.

우리는 자연조건이 뒷받침해줄 때, 한국전력이 정한 스케줄대로만 전기를 만들 수 있다. 태양이 지표면을 비추면 태양열 패널로 전기를 만들고 뒷산 언덕에 바람이 불면 풍력 발전기로 전기를 만들 수 있다. 영국, 독일, 스페인의 원자력 발전소들을 다 합친 것보다 더 많은 양의 전기를 생산하는 대한민국의 원자력 발전소들도 저마다의 계획에 따라 전기를 만들어 낸다.

이렇게 생산된 전기를 소비하는 주체는 가정이나 사업체, 공공 기관과 같은 소비자들이다. 소비자에 따라 전기를 더 많이 쓸 때가 있고 적게 쓸 때도 있다. 그러나 지구환경과 한국전력은 소비자 한 사람 한 사람의 전기 소비 일정을 고려해주지 않는다. 전력 부족으로 문제가 생기지 않도록 꾸준히 전기를 공급하는 데 최선을 다할 뿐이다. 결국 미처 다 소비되지 못한 전기는 수천 킬로미터에 이르는 전력망을 떠돌다 엔트로피로 산화하고 만다.

이 문제를 극복하기 위해 인간은 다양한 전기 보관법을 개발했다. 인간이 엔트로피와의 싸움에 얼마나 절실한 마음으로 임했는지, 그리고 이 전장에서 얼마나 큰 창조적 능력을 발휘했는지 함께 살펴보도록 하자.

높은 곳에 있는 물

가평은 산과 계곡이 아름답고 접근성이 높아 많은 사람들이 즐겨 찾는 여행지이다. 가평의 수려한 경관 가운데 이름난 것으로 호명호가 있다. 호명호는 우리나라 최초의 양수

1984년 브라질과 파라과이 국경 지대에 건설된 이타이푸 댐은 2012년 싼샤 댐이 건설되기 전까지 세계 최대의 수력 발전소였다. 2016년에는 103테라와트의 전력을 생산해 연간 실생산 전력량 부문에서 세계기록을 보유하고 있다.

식 발전소인 청평양수발전소를 건설하는 과정에서 조성된 인공 호수다.

수력 발전소는 대부분 댐으로 물을 가둬 낙차를 만들어 내는 방식을 활용한다. 역사적으로 유명한 후버 댐과 아스완 댐이 이와 같은 방식의 수력 발전소이며 세계 최대 규모의 싼샤 댐과 이타이푸 댐도 마찬가지다. 전력 수요가 적을 때는 수문을 닫아 물을 가둬놓고 수요가 많을 때는 수문을 열어 발전을 할 수 있으므로 댐은 그 자체로 전력을 보관하는 거대한 그릇인 셈이다.

하지만 20세기 초반의 공학자들은 경사가 큰 하천 유역에 댐을 짓고 전기를 생산하는 데 만족하지 않았다. 그들은 당시 갓 개발되어 도시 전역에 물을 공급하고 지하도와 광산의 물을 퍼내며 고층 빌딩 옥상 온수풀에서 수영을 즐기게 해준 신형 모터 펌프에 주목했다. 밤 시간대 수요가 적을 때 남아도는 전기로 펌프를 돌려 물을 높은 곳으로 날라놓으면 그 물을 낙하시켜 다시 발전을 할 수 있지 않을까? 이들은 댐을 그저 발전 설비로만 여기지 않고 여분의 전력을 '높은 곳에 있는 물'의 형태로 저장할 수 있는 거대한 배터리라고 생각했다.

이러한 사고 과정을 거쳐 탄생한 개념이 양수식 발전이다. 양수식 발전은 인류가 최초로 개발한 능동적인 전력 보관 방식 가운데 하나이며 오늘날에도 세계 잉여 전력의 대부분을 수용하고 있다. 초기에는 모터 펌프를 이용했으나 수력 발전에 쓰는 터빈을 거꾸로 돌려 물을 퍼 올리는 방법이 개발됨에 따라 경제성과 효율성이 향상되었다.

청평양수발전소는 두 개의 저수지를 활용하는 양수식 발전소다. 두 저수지 중 아래쪽에 있는 청평호가 먼저 조성되었다. 청평호는 우리나라 각지에 군수공장과 발전소를 세워 아시아 침략의 발판으로 삼고자 했던 일제가 청평댐을 만들며 조성한 호수다. 일제가 물러가고 난 뒤에는 우리나라에서 요긴하게 사용하고 있다.

청평호보다 고도가 높은 곳에 자리한 호명호는 청평호의

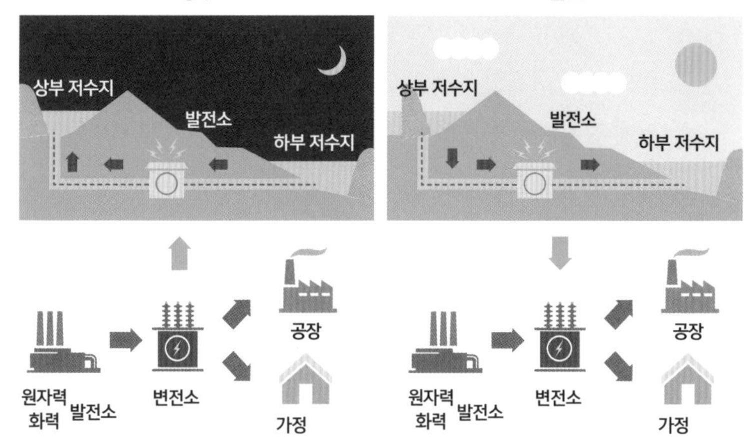

청평양수발전소는 밤 시간대 전력망에 남아도는 전기로 하부 저수지인 청평호에서 상부 저수지인 호명호로 물을 올려 보낸다. 낮 시간대에는 호명호의 물을 이용해 발전을 한다.

물을 퍼 올려 저장하는 저수지이고 청평양수발전소는 호명호의 물로 전기를 생산하는 발전소다. 어느 나라든 국민 대다수가 불을 끄고 잠에 드는 밤 시간이 되면 전력망에 전기가 남아돈다. 청평양수발전소는 이처럼 전력이 남는 시간대에 청평호의 물을 퍼 올려 호명호에 저장했다가 전력 수요가 많은 시간대에 이 물로 발전을 한다.

물을 떨어뜨려 전기를 만들고 다시 전기를 이용해 물을 퍼 올린다고 하니 이 무슨 삽질인가 하는 생각이 들지도 모르겠다. 하지만 양수식 발전 시스템은 인류가 엔트로피에 최초로 가한 의미 있고 강렬한 반격이었다. 물을 퍼 올리는 과정에서 엔트로피에 갈취당하는 분량을 제외하더라도 80퍼센트가량의 전기를 높은 곳에 저장된 물의 형태로 재생할 수 있다.

압축하고 회전하는 힘

파올로 바치갈루피의 소설 『와인드업 걸』(2009)은 지구의 에너지원이 고갈되고 신종 전염병으로 식량 자원의 씨가 말라버린 미래를 배경으로 한다. 『와인드업 걸』의 세계에서 가장 중요한 에너지는 인력, 즉 인간이 섭취하고 태우는 칼로리다. 가난과 기아에 허덕이는 수많은 사람들은 칼로리를 얻기 위해 칼로리를 팔아야 한다.

가난하고 배고픈 이들은 자전거 페달을 이용해 스프링을 감는다. 이 세계의 재벌 기업들이 많은 돈과 연구 인력을 투입해 개발한 고효율 스프링이다. 사람들이 페달을 밟으면 스프링이 감기며 칼로리가 물리적 에너지의 형태로 스프링에 저장된다. 그런 뒤에는 에너지를 필요로 하는 각종 공장에서 이 스프링을 사 간다. 공장에 설치된 스프링은 서서히 풀려나가면서 기계에 힘을 전달한다.

『와인드업 걸』을 처음 읽었을 당시에는 과격한 디스토피아를 묘사하고자 억지로 해괴망측한 기술을 고안해 냈다는 느낌을 받기도 했다. 그러다가 최근에 와서야 이 작가가 현존하는 기술에서 아이디어를 얻어 소설에 활용했다는 사실을 알게 됐다. 현실에서도 스프링을 압축해서 전기를 보관하는 곳이 있었던 것이다. 보다 일반적인 형태로는 남는 전기로 공기를 압축시켰다가 전기가 필요할 때 압축 공기를 배출하며 전기를 생산한다.

이는 전기를 높은 곳에 있는 물로 전환하는 것처럼 물리적인 힘으로 전기를 저장하는 방법에 해당한다. 공기를 압축하는 과정에서 양수식 발전과 마찬가지로 20퍼센트 정도의 전기를 엔트로피에 빼앗기며 스프링이나 압축 공기로 전기를 만들 때 또다시 엔트로피가 증가한다. 아직 엔트로피와의 싸움에서 열세를 면치 못하고 있는 형편이지만 그렇다고 해서 포기할 수는 없는 일이다.

스프링이 압축력으로 전기를 보관하는 방법이라면 플라이휠은 회전력을 이용해 전기를 보관하는 방법이다. 플라이휠은 인류 최초의 공학적 발명품이라 할 만한 물건이다. 지금으로부터 6500년 전 인류는 진흙을 손으로 덕지덕지 붙여서 도기 모양을 빚는 대신 돌림판 위에 진흙 덩어리를 얹고 빙글빙글 돌리며 도기를 만들어 내는 방법을 고안했다.

그런데 조그만 돌림판 위에 진흙을 얹은 채 일정한 속도로 판을 돌린다는 것은 생각보다 어려운 일이었다. 이에 선현들은 돌림판의 크기를 키우는 쪽을 선택했다. 직경이 큰 돌림판은 한 번 힘주어 돌리기만 하면 장시간에 걸쳐 일정한 속도로 돌아간

오늘날까지 사용되고 있는
수동형 도자기 돌림판의 모습이다.

다. 사람들은 커다란 돌림판을 이용해 보다 아름답고 실용적인 도기를 만들기 시작했고, 도기를 제작하는 사람을 뒤에서 슬며시 끌어안거나 귓가에 대고 〈언체인드 멜로디〉를 불러줄 수도 있게 되었다. 이때 쓰이는 큰 돌림판이 플라이휠의 원조 격에 해당한다.

플라이휠은 에너지를 회전운동량으로 저장했다가 일정한 속도로 방출하는 특성이 있다. 이런 특성 때문에 힘이 가해질 때나 가해지지 않을 때나 한결같이 작동해야 하는 기계장치에는 어김없이 플라이휠이 쓰인다. 엔진의 경우가 좋은 예다.

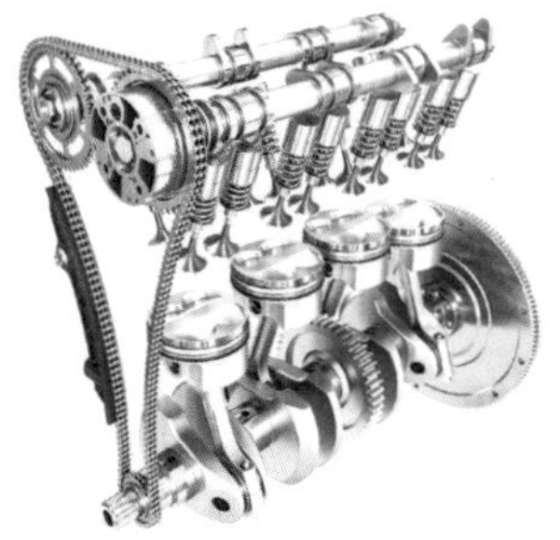

영국의 엔지니어 리처드 트레비식과 그가 만든 세계 최초의 증기기관차를 묘사한 폴란드 우표(좌). 거대한 플라이휠이 달려 있다. 오늘날의 자동차 엔진에 달린 동그란 원판(우) 또한 세월을 거치며 세련된 모습으로 탈바꿈한 플라이휠이다.

자동차의 엔진은 연료가 연소하며 힘을 발휘할 때와 그렇지 않을 때의 에너지 출력 차이가 매우 크다. 따라서 이를 일정하게 유지하지 않으면 자동차가 탈수 모드 상태의 세탁기처럼 들쑥날쑥하게 움직여 탑승자의 육체와 정신을 허물어뜨릴 수도 있다. 플라이휠은 엔진이 지속적으로 일정한 힘을 내도록 만들어 우리에게 안락한 승차감을 제공한다.

인간이 전기 에너지를 손에 넣은 이후로 여러 공학자들이 플라이휠의 특성에 주목해 배터리로 삼고자 했다. 전기가 남아돌 때 여분의 전기로 플라이휠을 돌린다면 전기가 부족할 때 플라이휠의 회전 에너지를 이용해 다시 전기를 만들 수 있기 때문이다.

전기 보관용 플라이휠을 만들 때 유의해야 할 점은 두 가지다. 첫째는 가볍고 강한 재료로 만드는 것이고, 둘째는 지지대와 회전축을 연결하는 지점에서 발생하는 마찰을 줄이는 것이다.

플라이휠의 재료로는 현대 인류가 보유한 막강한 소재 가운데 하나인 탄소섬유가 쓰인다. 금속보다 가볍지만 탄력과 강도 면에서 더 뛰어난 탄소섬유는 꿈의 골프채를 만드는 소재로 TV 광고에 종종 등장하곤 한다. 골프채뿐만 아니라 우주항공 및 건축 등 가볍고 강한 소재를 필요로 하는 분야에는 대부분 활용되고 있다고 보아도 무방하다.

한편 마찰을 감소시키는 문제는 플라이휠 개발자들만이 떠안고 있는 과제가 아니다. 이는 인류와 엔트로피 간의 또 다른 전장이다. 기계를 사용하게 된 이후로 인간은 기계의 연결부를 부드럽게 만들고자 온갖 노력을 기울여왔다. 기계에 식용유를 발라보기도 하고 대서양과 태평양의 거대한 고래를 마구잡이로 포획해 짜낸 기름으로 공장을 돌리기도 했다. 롤러 베어링과 볼 베어링을 개발해 고정부와 회전축의 접촉을 최소화하려 시도하기도 했다.

그러던 와중에 개발해 낸 강력한 병기가 바로 자기 베어링이다. 자기 베어링은 고정부와 회전축이 아예 접촉하지 않도록 해준다. 자석의 같은 극끼리 서로 밀어내는 힘을 이용해서 회전축을 공중에 띄워버리는 것이다. 희토류 금속을 소재로 만든 강력한 영구자석만 있다면 연결부에서 발생하는 엔트로피를 0에 가깝게 만들 수 있다.

또한 플라이휠은 비교적 공간을 적게 차지한다는 장점이 있다. 이 때문에 꾸준한 전기 공급을 중요시하고 배터리에 공간을 할애할 여력이 부족한 여러 시설들에 두루 적용되고 있다.

〈매트릭스 2: 리로디드〉(2003)에는 네오가 매트릭스 서버로 침투할 때 서버 시설에 전기를 공급하는 발전소를 파괴하는 장면이 나온다. 발전소를 모두 파괴하더라도 서버 시설의 예비 전력이 금방 가동되기 때문에 네오는 찰나의 순간을 노려 서버로 침투해 들어간다. 현실에서도 IT 기업의 서버 시설은 충분한 예비 전력을 갖춤으로써 전력 교란에 철저히 대비하고 있다. 네이버, 구글, 페이스북은 24시간 가동되어야 마땅하니 말이다. 하지만 대부분의 공간을 서버에 할애해야 하므로 배터리에 투자할 공간은 많지 않다. 그래서 IT 서버 시설에서는 플라이휠을 전기 저장 장치로 활용하곤 한다.

플라이휠은 공기 저항이 없는 곳에서 최고의 성능을 발휘한다. 그러나 이를 위해 진공 공간을 만드는 일은 또 다른 엔트로피를 발생시키게 마련이다. 다시 말해 천연의 진공 상태인 우주 공간에서 플라이휠 저장 방식은 가장 효율 높은 전기 저장 방식이 될 수 있다. 가뜩이나 비좁은 우주선에 크고 무거운 배터리를 실으려면 설계 제작 및 발사 비용 부담도 상승하게 마련이다. 위성과 우주선에 전력 보관 장치를 실어야 하는 기술자들에게 플라이휠은 더없이 매력적인 옵션이다.

뜨거운 물과 녹인 소금

몇 년 전 인도의 카주라호를 여행했을 때 이야기다. 에로틱한 부조 작품들이 수놓인 천 년 역사의 사원들을 감상하고 숙소로 돌아와 쉬던 중 숙소 옥상에 설치된 으리으리한 설비를 발견했다. 높이 2미터에 길이 5~6미터 정도였던 그 물체는 얼핏 봐서는 태양광 패널처럼 생겼는데 안쪽을 들여다보니 투명한 파이프가 내부를 꽉 채우고 있었다. 신기해하며 요리조리 뜯어보는 내게 숙소 주인이 다가와 말했다.

"그게 당신 온수요."

태양열 히터는 우리에게 중요한 사실을 일깨워 준다. 에너지는 엔진을 돌리고 전자제품을 가동하는 데 쓸 수도 있지만 물을 데우는 데에도 쓸 수 있다. 에너지의 쓸모에는 여러 가지가 있으며, 추운 계절에 사람들이 나무를 때며 난방을 하는 것은 그중에서도 가장 유서 깊은 에너지의 용도에 해당한다. 전기 에너지를 난방용 온수로 바꿔 보관했다가 추운 날 방을 덥히는 데 쓸 수 있다면 이 또한 전력을 십분 활용하는 방안일 것이다.

전기로 물을 데워 난방용으로 저장하는 것은 전기를 물리적 힘이 아닌 다른 무언가로 저장하는 방법 가운데 가장 직관적인 방법이다. 이 방법을 활용하기 위한 조건 또한 직관적이다. 뜨거운 물을 오래도록 뜨겁게 유지하려면 보온병에 넣어두어야 한다. 마찬가지로 뜨거운 물 또는 용융염과 같은 물질에 에너지

태양열 히터는 이렇게 생겼다. 무덥기로 악명 높은 인도에서 온수로 몸을 씻고 싶을 때가 있더냐고 물으신다면, 겨울철에는 밤 기온이 제법 떨어져 온수 샤워가 기분 좋을 때가 많다고 답하겠다.

를 저장하려면 보온병 안쪽처럼 매끈하고 단열이 잘되는 암석층을 깊게 파서 그 안에 에너지를 가둬놓으면 된다.

이런 방식을 살짝 변형하면 전기 에너지를 열의 형태로 보관할 뿐만 아니라 추후 열을 다시 전기 에너지로 바꾸는 일도 가능하다. 정확히는 전기 에너지로 큰 '온도 차'를 만드는 것이다. 전기로 물질을 데우기만 할 뿐이라면 이를 난방용으로 활용하는 것 외에 뾰족한 수가 없다. 하지만 전기를 이용해 한 가지 물질은 데우고 다른 한 가지 물질은 냉각한다면 이야기가 달라진다.

우리는 다양한 방법을 통해 큰 온도 차를 전기로 변환할 수 있다. 이를테면 뜨거운 물질과 차가운 물질을 물에 담그거나 가스에 노출시키면 물과 가스가 대류를 일으키므로 이를 이용해 발전기를 돌릴 수 있다. 이런 방식으로 돌아가는 엔진을 '열 엔진'이라고 부른다. 지열 발전기 등에 활용되는 방식으로 발전 효율이 썩 좋은 편은 아니다. 하지만 온도 차 저장 방식은 양수식 발전소를 세울 수 없는 환경에서 대량의 전기를 저장할 수 있는 유일한 대안이기에 향후 많은 발전이 기대되고 있다.

자동차와 스마트폰으로 들어간 배터리

세상 모든 원자는 전자를 가지고 있다. 원자가 전자를 내놓거나 받아들이면 전기가 발생한다. 전기란 전자의 흐름이기 때문이다. 하지만 원자들은 평소 자신이 보유한 전자를 잘 간수할 뿐 쉽사리 내놓거나 받아들이려 하지 않는다. 덕분에 우리는 금속과 자주 접촉하면서도 감전될지 모른다는 걱정 없이 태평하게 살아간다.

그렇다고 해서 모든 원자가 자신의 전자 배치에 만족하는 것은 아니다. 예컨대 아연의 경우에는 가장 바깥쪽 전자껍질에 전자가 두 개밖에 없다. 그렇기에 아연은 언제고 이 둘을 방출해 스스로를 안정된 상태로 재편하고자 한다. 이때 등장하는 게 전해질이다. 전해질은 용액에 녹을 때 전기적 성질을 띤 이온으로 분해되는 물질이다. 금속을 전해질 용액에 담그면 금속이 용액 속의 이온과 화학반응을 일으킨다. 실제로 아연을 황산 용액에 담그면 아연은 평소 눈엣가시처럼 여기던 전자 두 개를 냉큼 처분하고 음극이 된다.

한쪽 금속은 전자를 내놓게 하고 다른 쪽 금속은 전자를 받아들이게 만들면 전자의 흐름으로 전기를 만들 수 있다. 알레산드로 볼타가 황산 용액에 아연과 구리를 담가 만든 볼타 전지는 이러한 방식으로 제작된 최초의 전지다. 자연이 우리에게 아연과 구리, 황산의 형태로 제공해준 에너지를 끌어내는 발전 방식이라고 할 수 있다.

이와 같은 원리를 역이용함으로써 우리는 전기를 물질의 화학적 성질 안에 가둘 수 있다. 전기 에너지를 이용해 두 물질을 추후 발전 가능한 화학적 조성 상태로 만드는 방법인데, 이렇게 전기를 보관하는 장치를 전기화학 배터리라고 부른다.

가장 먼저 개발된 전기화학 배터리는 납-산 배터리다. 많은 사람들이 자동차 전조등이나 실내등을 켜둔 채 하룻밤을 지새웠다가 방전이 되어 시동이 걸리지 않는 경험을 해본 적이 있을 것이다. 일반적인 유형의 자동차에 쓰이는 이 배터리가 바로 납-산 배터리다.

납-산 배터리 안에는 납과 이산화납이라는 두 가지 금속이 황산 용액에 담겨 있다. 이 상태에서 납과 이산화납을 전선으로 연결하면 납은 황산 용액과 반응해 황산납으로 바뀌면서 전자 두 개를 내놓는다. 반면에 이산화납은 납이 전선을 통해 보내주는 두 개의 전자와 황산 용액의 도움으로 황산납이 된다. 우리는 이러한 전자의 흐름을 이용해 전조등을 켜거나 차의 시동을 걸 수 있다. 이 상태로 계속 전기를 사용하면 배터리 내부에서 전기를 전혀 만들어 내지 못하는 완전 방전 상태가 된다.

반대로 배터리를 충전할 때는 양극과 음극을 바꿔서 전류를 공급한다. 황산납이 되었던 납은 전자를 받아들여 다시 납이 되고, 마찬가지로 황산납이 되었던 이산화납은 전자를 잃고 이산화납으로 돌아간다. 배터리에서 전기를 꺼내 쓸 때는 두 금속과 전해질 용액의 화학반응을 이용해 전기를 만들다가, 자동차가 연료를 태워 전기를 만들 수 있을 때는 이를 이용해 배터리 내부의 화학적 조성을 원래대로 되돌리는 것이다.

납-산 배터리가 처음 개발된 것이 19세기 중반의 일인데, 그로부터 백 년이 지나도록 이보다 중요한 배터리 기술은 사실상 개발되지 않았다. 배터리 기술은 우리 주변의 여러 가지 다른 기술들에 비해 굉장히 느리게 발전해온 셈이다. 납-산 배터리의 '납-황산 용액-이산화납' 조합과 같은 환상의 조합을 찾아낸다는 게 결코 쉬운 일이 아니었기 때문이다.

오랜 기술 정체를 깨부순 것은 1980년대에 개발된 리튬-이온 배터리였다. 납-산 배터리보다 훨씬 가볍고 효율이 높고 방전율도 낮은 배터리가 개발되자, 특히 전자제품 회사들이 이를

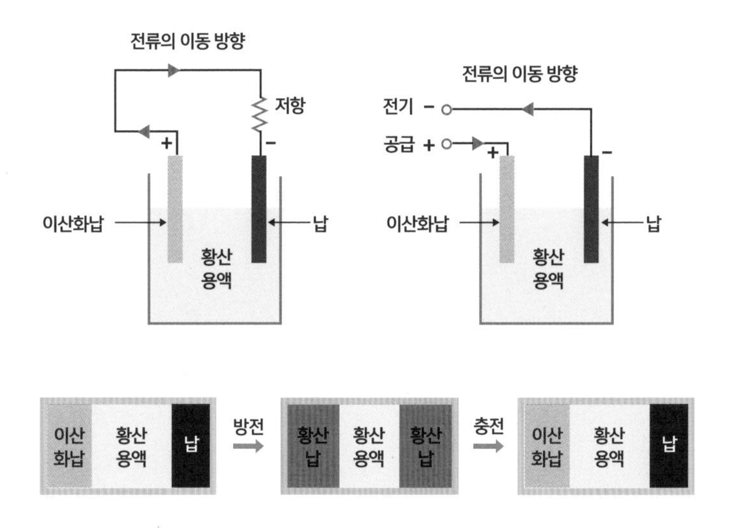

납-산 배터리의 방전 및 충전 메커니즘(위)과
이에 따른 내부 물질 조성의 변화(아래)

크게 반겨 다방면에 응용하기 시작했다. 리튬-이온 배터리는 워드프로세서와 노트북, 휴대전화와 스마트폰 그리고 전기 자동차의 배터리로 쓰이며 우리 삶의 큰 부분을 차지하게 되었다. 리튬-이온 배터리 개발에 기여한 존 구디너프, 스탠리 휘팅엄, 요시노 아키라는 2019년에 노벨화학상을 공동 수상했다.

리튬-이온 배터리를 구성하는 환상의 조합은 '리튬코발트산화물-리튬 소금 용액-흑연'이다. 리튬코발트산화물과 흑연을 전선으로 연결하면 리튬코발트산화물은 리튬 이온을 소금 용액

쪽으로 방출하고 전자를 전선으로 내보내며 코발트산화물이 된다. 흑연은 전해질을 통해 리튬 이온을, 전선을 통해 전자를 받아들여 리튬흑연으로 변한다. 반대로 전기를 공급해주면 이 과정이 거꾸로 진행되며 배터리가 전기를 생산하는 능력을 회복한다.

리튬-이온 배터리는 인간이 지금까지 개발한 전기 보관 장치 가운데 부피 대비 가장 많은 양의 전기를 보관할 수 있는 장치다. 최근에는 소금 용액 대신에 고체 세라믹을 전해질로 활용하는 방법이 개발됨에 따라 배터리 성능이 더 향상되었다. 리튬-이온 배터리는 국가, 지역사회, 회사, 건물주가 보유해온 전기 보관 능력을 개인의 손안에 쥐여주었다. 우리는 이제 리튬-이온 배터리 없이는 어떻게 살아야 할지 알 수 없는 상태에 이르렀다.

하지만 리튬은 자연 상태에서 얻기 어려운 금속 가운데 하나다. 암석 채굴을 통해 획득할 수 없는 것은 아니지만 환경 파괴가 심하고 채산성도 낮다. 그렇기 때문에 일반적으로 선호되는 방법이 바로 리튬을 머금은 채 지하에 잠들어 있는 소금물을 퍼 올린 다음 햇볕으로 물을 증발시켜 리튬을 얻는 것이다. 물을 증발시키는 데에만 2년가량이 걸리며 일조량도 많아야 한다는 조건이 따른다. 칠레와 볼리비아의 소금사막처럼 지하에 리튬 소금물 매장량이 풍부하고 연중 건조한 지역이 세계적인 리튬 산지로 각광받는 것은 그런 이유에서다.

지구상의 모든 지역 가운데 생명체에게 가장 가혹하다는

리튬-이온 배터리의 방전과 충전에 따른 내부 조성 변화

소금사막에서도 풍요를 위한 이점을 발견해 내는 인간의 모습은 경이롭기도 하고 두렵기도 하다.

SF 작가 아서 클라크는 1957년에 쓴 단편소설 「바다를 캐는 사람」에서 배로 투석 장치(신장 투석과 같은 요령으로 광물을 걸러내는 장치)를 끌고 다니며 바다에서 광물을 채취한다는 아이디어를 내놓았다. 대부분의 광석은 그냥 땅을 파서 얻는 편이 더 쉽고 경제적이기에 바다에서 광물을 채취하는 기술이 무르익을 기회가 지금껏 없었다. 그러나 지상에서의 채굴을 통해 확보하기 어려운 리튬의 활용도가 높아짐에 따라 여러 연구자들이 바다에서 리튬을 채취하는 연구에 박차를 가하고 있다. 오늘날의 인류에게 리튬-이온 배터리가 얼마나 중요한 물건인지 잘 보여주는 사례라 하겠다.

나아가 리튬-이온 배터리를 아예 바닷물 배터리로 대체하고자 하는 이들도 있다. 해수전지를 연구하는 사람들이다. 해수에 대량으로 포함된 나트륨은 리튬과 동일한 알칼리 금속으로

지구상의 모든 지역 가운데 생명체에게 가장 가혹하다는 소금사막에서도 풍요를 위한 이점을 발견해 내는 인간의 모습은 경이롭기도 하고 두렵기도 하다.

칠레 아타카마 소금사막의 리튬 생산 시설

화학적 성질 면에서 리튬과 유사하다. 리튬이 하는 일은 나트륨도 할 수 있다는 뜻이다. 다만 나트륨 원소의 질량이 리튬 원소보다 무겁기에 스마트폰이나 노트북용 배터리의 소재로는 적합하지 않다.

그러나 해수전지는 리튬-이온 배터리에 비해 저장 용량이 크고 오래갈 뿐만 아니라 결정적으로 전 지구의 바다에 원료가 널려 있다시피 하기에 생산하는 데 드는 비용이 리튬-이온 배터리와는 비교도 안 될 정도로 저렴하다. 이는 오늘날 수많은 산업 현장에서 쓰이고 있는 값비싼 리튬-이온 배터리를 대체하기에 충분한 장점이다.

예를 들어 풍력과 태양광 단지는 바람이 강하거나 태양이 뜨거울 때면 많은 전기를 만들 수 있지만 바람이 잦아들고 날이 흐려지면 무용지물이 된다. 이런 곳에 대용량 배터리 설비를 구축하면 자연이 풍족한 에너지를 제공할 때 이를 대량으로 저장했다가 필요할 때 꺼내 쓸 수 있다.

재생 에너지 단지를 구축하려면 집채만 한 크기의 배터리가 필요하다. 비싼 리튬-이온 배터리로는 꿈도 꿀 수 없지만 값싼 해수전지로는 충분히 꾸릴 수 있는 규모다. 해수전지는 풍력과 태양열의 단점을 보완해 이들 친환경 에너지가 더 널리 쓰이도록 함으로써 지구 환경에 커다란 기여를 할 수 있다.

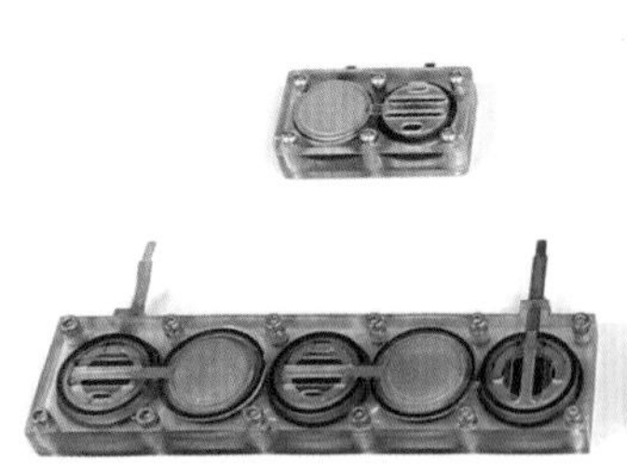

해수전지는 해수를 이용해서 열적 안정성을 확보하며 바닷물 속에서도 작동한다. 특히 원자력 발전소에서 사용할 경우에는 발전소의 일부가 파괴되더라도 전력을 계속 공급해줌으로써 다른 보조 장치를 가동해 방사능 유출을 막을 수 있다.

초전도체

전기가 통하는 물질을 전도체라고 부른다. 전선을 만들 때 쓰이는 구리가 전도체의 대표적인 예인데, 구리 안에는 많은 수의 전자가 출신 원자에 얽매이지 않은 채 자유롭게 부유하고 있다. 구리에 전기가 연결되면 이 자유전자들은 목적성을 얻고 양극과 음극 표지판이 가리키는 방향으로 무리 지어 움직이며 전기를 전달한다.

하지만 구리와 같은 전도체조차 전기를 온전히 전달하지 못한다. 떡이 오가면 콩고물이 떨어지는 법이고 에너지가 이동하면 엔트로피가 증가하게 마련이다. 구리처럼 높은 전도율을 보이는 물질은 지금껏 인간과 엔트로피 간 싸움에서 유용하게 쓰여왔으나 그렇다고 해서 엔트로피 측을 수세에 빠뜨릴 정도는 아니었다.

구리가 완벽하지 않다는 것은 아쉬운 일이다. 발전소에서 만든 전기는 구리로 된 전선을 타고 전국 곳곳으로 공급되는데, 이 전기로 무슨 일을 해보기도 전에 엔트로피로 줄줄 새어나간다는 뜻이기 때문이다. 전기 보관 측면에서도 아쉬운 것은 마찬가지다. 만약 구리 전선이 엔트로피의 증가를 낳지 않는다면 우리는 전기를 어디에 보관할지 고민할 필요가 없었을 것이다. 그냥 구리 전선을 친친 감아 코일을 만든 후 거기에 전기를 보관하고 필요할 때 꺼내 쓰면 될 테니 말이다.

금속에서 발생하는 엔트로피 증가분을 줄일 방법을 꾸준히 연구해온 과학자들과 기술자들은 전도체를 특정한 온도 이하로 냉각시키면 전기가 통해도 엔트로피가 증가하지 않는 초전도체가 된다는 사실을 발견했다. 하지만 초전도체를 만들려면 전도체를 -273도(절대 0도)에 가까운 -243도 이하의 온도로 냉각시켜야 했다. 이 과정에 투입되는 비용(에너지)이 초전도체를 만듦으로써 얻을 수 있는 이익(에너지)보다 훨씬 컸기에 이는 어디까지나 이론 수준의 발상으로만 여겨졌다.

그러나 -243도의 벽은 1986년에 무너졌다. 요하네스 베드노르츠와 카를 뮐러가 -238도에서 초전도체가 되는 란타넘바륨구리산화물을 발견한 것이다. 많은 사람들이 이들의 발견에 열광했다. -238도 또한 여전히 낮은 온도이지만 이론적으로 불가능하다고 여겨져온 한계를 돌파했다는 사실이 중요했다. -243도의 벽이 깨졌는데 -200도, -100도 벽이 깨지지 말란 법이 있는가. 사람들은 본격적으로 초전도자석이니 자기부상열차니 상상의 나래를 펼치기 시작했다. 노벨상 위원회는 베드노르츠와 뮐러가 논문을 발표한 지 1년 만에 냉큼 이들에게 노벨 물리학상을 수여했다.

실제로 베드노르츠와 뮐러의 발견 이후로 고작 30여 년이 지났을 뿐이지만 초전도체를 만들 수 있는 온도는 -23도까지 상승했다. 단, 다이아몬드 바이스를 이용해 금속을 구부릴 수 있을 정도로 압력을 가하는 상태에서 온도를 -23도까지 낮춰야 한다. 이보다 더 낮은 온도 및 압력 조건하에서 만들 수 있는 초전도체들도 여럿 개발되었다.

초전도체에 전기를 보관하는 것은 현존하는 다른 어떤 방법보다 효율적인 전기 보관법이다. 전기가 초전도체를 드나들면서 엔트로피로 빼앗기는 전력량이 전체의 5퍼센트 미만에 불과하기 때문이다. 하지만 초전도체 물질을 만드는 데 에너지가 소모되고 냉매를 사용해 온도를 낮추는 데 또다시 에너지가 소모되기 때문에 여기서도 엔트로피는 여전히 기승을 부리고 있다. 그러나 시간이 흐를수록 보다 높은 온도에서 작동하고 보다 적은 비용으로 만들 수 있는 초전도체가 개발되고 있으므로 초전도체 전기 저장 기술의 한계를 논하기는 아직 이르다.

수소와 암모니아

영화로도 제작된 앤디 위어의 소설 『마션』(2014)에는 화성에 홀로 남겨진 주인공 마크 와트니가 거주용 막사 안에서 감자를 재배할 물을 만드는 장면이 나온다. 와트니는 차량의 수소 연료를 조금씩 분사해가며 작은 불꽃을 이용해 공기 중의 산소와 반응시켜 물을 합성한다. 그러던 어느 날 수소가 폭발을 일으켜 애써 가꾼 감자밭이 쑥대밭이 되고 마는 참사가 일어난다. 이 장면을 보면서 우리는 두 가지 사실을 깨달을 수 있다. 하나, 수소는 연료로 쓸 수 있다. 둘, 수소는 폭발한다.

수소 경제에 대한 기대감과 불신을 동시에 부추기는 이 에피소드를 전기 보관법과 연결 지어 생각해보자. 와트니는 우리에게 불꽃을 촉매 삼아 수소와 산소를 반응시키면 물을 만들 수 있다는 사실을 알려주었다. 다시 말해, 그와 반대로 물에 전류를 흘려 분해하면 수소와 산소를 만들 수 있다.

가만, 전기를 써서 수소를 만든다고? 이는 전기 에너지를 수소라는 물질로 전환시켰다는 뜻이다. 그렇다면 역으로 수소를 이용해 전기 에너지를 만들어 내는 방법만 안다면 우리는 수소를 배터리로 쓸 수 있을 것이다.

수소로 에너지를 만드는 방법에는 여러 가지가 있다. 앞서 소개한 『마션』의 한 장면처럼 화끈하게 불을 질러 폭발적인 에너지를 얻을 수도 있고, 역시 이 소설에 나오는 것처럼 차량의 연료전지로 사용할 수도 있다. 이 가운데 최근 들어 많은 주목을 받고 있는 것이 바로 수소로 연료전지를 돌리는 방법이다.

연료전지는 앞서 살펴본 전기화학 배터리와 똑같은 원리로 전기를 만들기 때문에 전지(배터리)라고 부른다. 전기화학 배터리의 경우처럼 납-이산화납이나 리튬코발트산화물-흑연과 같은 고체 물질을 사용하는 대신에 기체인 수소-산소 조합을 활용한다.

배터리 용기에 수소와 산소를 일정량 담아놓고 그로부터 무한정 전기를 만들어 낼 수는 없다. 수소와 산소를 계속 연료로 공급해주어야 한다. 그렇게 하면 수소-산소 연료전지는 공해를 발생시키지 않고 높은 효율로 전기를 생산한다. 산소는 공기 중에 포함되어 있기 때문에 그냥 공기를 빨아들이면 된다. 수소는 전기분해를 비롯한 다양한 방법을 사용해 만들 수 있고 암모니아로 액화해 유통할 수도 있다.

연료전지는 사실 배터리라기보다 직류발전기라고 할 수 있다. 이 발전기에 공급할 연료, 즉 수소를 만들고 저장하고 유통하는 과정이 전기를 보관하는 과정에 해당한다.

현재 알려진 것 가운데 수소를 얻는 가장 좋은 방법은 천연가스를 가열하며 촉매에 노출시켜 천연가스 안의 메탄을 분해하는 것이다. 이렇게 해서 생성한 수소를 다시 저온고압으로 처리해 암모니아로 만들어 유통한다. 이 과정에서 만만치 않은 공해가 발생하고 엔트로피가 증가하는 것은 물론이다. 하지만 물

한쪽 전극에는 수소가, 다른 쪽 전극에는 산소가 들어 있어서 산화-환원 반응을 일으킨다. 양쪽 전극을 연결하면 전자가 한쪽에서 다른 쪽으로 넘어가며 충전과 방전이 이루어지는 배터리가 된다. 이 에너지를 이용해 모터를 돌려 자동차를 움직인다.

을 전기분해하는 방법은 이보다도 비싸고 비효율적이다. 쉽게 말하면 물을 전기분해해서 얻은 수소로 만들 수 있는 전기의 총량은 물을 전기분해하는 데 소모되는 전기의 총량보다 적다. 바로 엔트로피의 법칙 때문이다.

이런 이유로 테슬라 모터스의 CEO 엘론 머스크는 수소 자동차가 결코 경제성을 확보하지 못할 것이라고 말했다. 그가 리튬-이온 배터리를 사용하는 전기 자동차 회사의 최고경영자라는 점을 감안하고 이 말을 풀이해보면, 아직까지는 수소가 에너지로서 그리고 전기 저장 수단으로서 다른 방법들보다 더 효과적이지 않다는 이야기인 듯하다. 그러나 수소 연료전지의 효율이 워낙 뛰어난 데다가 많은 과학자들과 기술자들이 수소를 더 효율적으로 만들고 보관하고 유통하는 방법을 연구하고 있기에 수소 경제의 미래는 어둡지 않다.

전기 에너지의 미래

우리는 전기를 효율적으로 보관하는 수단을 다수 보유하고 있으며 상황과 목적에 따라 이를 적절히 선택해 활용할 수 있는 단계에 이르러 있다. 양수식 발전 시설을 통해 전기를 대량으로 보관할 수 있고 플라이휠이나 초전도 자석을 이용해 특이한 환경과 목적에 맞게 보관할 수도 있다. 휴대 가능한 리튬-이온 배터리에 전기를 저장해 언제든 편리하게 전자기기를 사용하며, 리튬-이온 전기 자동차와 수소 연료전지 자동차 등 배터리를 활용해 움직이는 자동차도 등장했다.

다양한 용도별로 한층 효율적인 배터리 기술들이 속속 개발됨에 따라 사람들은 역설적으로 보다 깨끗하게 전기를 만드는 방법에 주목하게 되었다. 전기 에너지에는 다른 에너지와는 차별되는 강점이 있다.

화석연료를 이용하는 일반적인 자동차의 경우에는 개별 소비자들이 자신의 차에 장착된 엔진을 이용해 저마다 석유나 가스를 태우므로 그 많은 엔진들로부터 엄청난 공해가 발생하고 엔트로피가 증가한다. 반면에 발전소에서 석유를 태워 전기 에너지를 만들고 소비자들이 이를 자동차에 충전해서 쓰도록 한다면 공해와 엔트로피를 보다 집중적으로 관리할 수 있다.

또한 재생 에너지를 이용해 깨끗한 방식으로 전기를 만든 다음 이를 저장해두었다가 효율적으로 사용함으로써 공해를 최소화할 수 있다. 재생 에너지는 태양열, 수력, 풍력, 조력, 지열 등과 같이 계속해서 써도 무한에 가깝게 새로 공급되는 에너지를 뜻한다. 화석연료와 달리 이산화탄소를 발생시키지 않기 때문에 친환경 에너지로도 불린다. 적극적으로 재생 에너지를 이용함으로써 우리는 기후변화에 맞설 수 있고, 보다 깨끗한 환경에서 보다 건강한 삶을 살 수 있다.

오늘날에는 깨끗한 에너지를 생산하고 사용하는 것이 세계 각국의 가장 중요한 과제 가운데 하나가 되었다. 자기 나라가 보유한 독특한 환경을 최대한 활용해 에너지 생산 구조를 재생 에너지 중심으로 재편하려는 움직임이 뚜렷하게 나타나고 있다.

덴마크의 풍력 발전은 자국 전력 소비량의 40퍼센트 이상을 감당한다. 지도를 들여다보면 덴마크 영토는 망망대해로 열려 있는 게 아니라 반도에서 섬으로, 반도에서 반도로 이어지는 형태를 띠고 있다. 그 덕분에 덴마크 영해는 수심이 얕아서 풍력 발전기를 설치하기에 유리한 조건을 제공한다. 해상에 바람길을 가로막는 지형물이 없어서 바람도 씽씽 잘 분다. 덴마크는 북해의 바람과 자국 앞바다의 낮은 수심을 이용해 풍력으로 돌아가는 나라가 됐다.

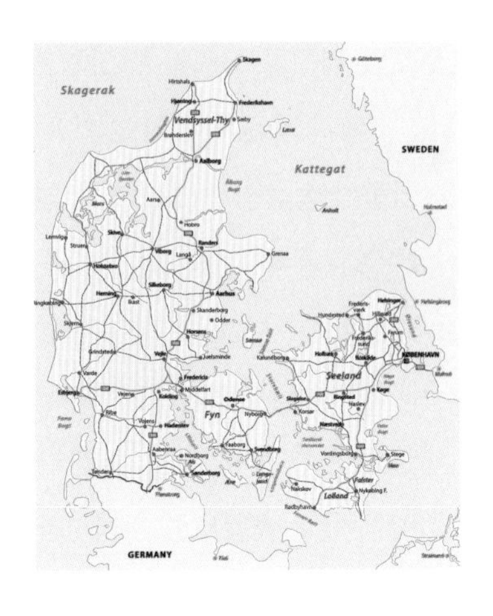

그린란드를 제외한 덴마크의 영토다. 유틀란트반도와 덴마크군도, 스칸디나비아반도 사이사이의 얕은 바다에 덴마크의 대규모 윈드팜들이 설치되어 있다.

우리나라도 2050년까지 탄소중립Net Zero을 달성하겠다고 선언했다. 탄소중립은 온실가스의 순 배출량이 0인 상태를 뜻한다. 앞으로 우리나라는 화력 발전의 비중을 낮추고 휘발유 차량 및 경유 차량의 온실가스 배출량을 줄이고 재생 에너지 사용 비중을 높이고 전기차, 수소차 등 친환경 자동차의 보급을 확대하며 온실가스 저감을 위한 산업 전반의 변화를 추진해나갈 예정이다.

재생 에너지와 효율적인 배터리 기술의 결합은 우리 모두를 에너지 프로슈머로 만들 수 있다. 재생 에너지 중에서도 특히 태양광은 소규모 설비만으로 전기를 생산할 수 있으므로 여러 가지 발전 형태 가운데 마이크로그리드, 즉 소규모독립형전력망에 활용하기 적합하다.

제주 가파도의 사례를 살펴보자. 가파도는 국내 대부분의 전력 생산 시설로부터 멀리 떨어져 있는 지역인 데다 해산물 보관 수요가 많아 어민들의 전기세 부담이 컸다. 하지만 집집마다 태양광 발전설비를 갖추기 시작하면서 반전이 일어났다. 주민들이 전기 소비자에서 전기 프로슈머로 거듭난 것이다. 가파도의 마이크로그리드 운영센터가 잉여 전력을 저장해놓았다가 필요할 때 다시 주민들에게 공급하기에 에너지 효율도 뛰어나다.

깨끗하게 만들고 깨끗하게 저장하는 기술은 함께할 때 놀라운 시너지를 일으키는 환상의 복식조다. 지구 환경을 지키며 우리의 삶을 더 풍요롭고 행복하게 만드는 일이 마냥 꿈인 것은 아니다. 인류가 엔트로피와의 전쟁에서 승리하는 날은 결코 오지 않겠지만, 깨끗하게 에너지를 만들고 깨끗하게 보관하는 기술이 발전을 거듭한다면 적어도 엔트로피와 기후변화 연합군을 상대로 한 힘겨운 싸움에서 완패하는 일은 없을 것이다.

CHAPTER 2

자율주행

여행길은 고되다

이동은 고된 일이다. 직장인의 주된 피로 원인은 출퇴근길의 이동이며, 여행자들을 가장 힘들게 하는 것 또한 비좁은 버스와 기차를 타고 먼 길을 이동하는 일이다. 아무리 잘 구겨 넣어도 무릎이 앞사람 등받이에 닿는 저가항공 비행기를 타고 6~7시간을 비행하는 일도 만만치 않게 고되다.

이런 비행기를 타는 일은 승객뿐만 아니라 승무원에게도 고된 모양이다. 내가 탔던 비행기 가운데 최악의 비행기로 꼽을 만한 V 항공사 기내에서는 남자 승무원이 화장실만 다녀오면 통로에 매캐한 담배 냄새가 퍼지곤 했다. 아마도 그는 화장실에서 전자 담배를 피워서는 안 된다는 교육을 누차 받았기 때문에 그곳에서 평범한 연초로 피로를 달랬던 듯하다.

1825년에 탄생한 세계 최초의 상용 증기기관 철도 노선은 조지 스티븐슨의 증기기관차를 사용했던 영국의 스톡턴-달링턴 노선이다. 객실이 마차 형태로 된 것이 특이하다.

이동이 고되다는 건 어찌 보면 당연한 이야기다. 그렇다면 이동의 여러 요소 가운데 진짜로 우리를 고되게 하는 건 무엇일까? 우리가 이동 수단의 어떤 점을 개선한다면 이동이 덜 괴롭게 느껴질까?

육체가 고달픈 것도 정신이 피로한 것도 중요한 문제다. 이동이 아무리 고되다 한들 현대인은 이동을 하지 않고 삶을 영위하기가 어렵다. 옛날에는 이동이 정신을 얼마나 피폐하게 하는지 따위를 생각할 여유가 없었다. 내가 목적지까지 살아서 도달할 수 있을지, 저 고개를 넘는 동안 수중의 짚신이 남아날지가 무엇보다 큰 문제였다. 육체적 고통과 신변의 안전이라는 당면 과제 앞에서 정신적 피로는 뒷전이 되었다.

그 시절 사람들은 모든 지혜를 동원해 보다 편한 이동 및 운송 기술을 개발하고자 했다. 맨 처음 등장한 것은 배와 말과 낙타였다. 배는 많은 화물을 실어 나를 수 있다는 장점이 있다. 그러나 옛날 배들은 오늘날 우리가 자연스럽게 떠올리듯 당당하게 대양을 항해하는 것과는 거리가 멀었다.

리조트를 통째로 옮겨놓은 듯한 요즘 배들은 웬만한 파도에도 흔들림 없이 탑승객들이 고급 정찬과 무도회를 즐길 수 있도록 한다. 하지만 옛날 배는 해안에 바싹 붙어서 형편없이 느린 속도로 뒤뚱뒤뚱 항해하며 뱃사람과 상인, 탐험가에게 최악의 경험을 제공하곤 했다.

말로 지상을 이동하는 것도 마냥 콧노래가 나올 만큼 즐겁지는 않았다. 안장에 걸터앉아 말의 보행에 호흡을 맞추는 것만으로도 허리며 엉덩이, 허벅지에 피로가 누적되고 고통스럽기 그지없는 일이었다.

이런 불편에도 불구하고 배와 말과 낙타 덕분에 인류는 화려한 문명과 거대한 제국을 건설하고 대륙에서 대륙으로 비단과 향료를 실어 나르며 풍요를 추구할 수 있었다. 마르코 폴로와 같은 여행가는 노선과 말과 낙타의 도움으로 아시아 곳곳을 누비며 1만 킬로미터 이상을 나아갔고, 이븐바투타는 유라시아와 아프리카를 탐사하며 10만 킬로미터를 이동했다.

유레일은 오늘날 세계 최대의 단일 경제권을 이루고 있는
유럽연합을 떠받치는 중요 인프라 가운데 하나다.

보다 편리하고 안락한 이동 수단이 개발될 때마다 인류의 활동 범위가 넓어질 뿐만 아니라 인간 사회의 특성도 근본적으로 변화한다. 철도가 대표적인 예이다. 인류의 역사를 가만 돌이켜보면 국가란 서로 철도로 연결된 지역들을 한데 묶어놓은 것을 지칭하는 단위가 아닌가 싶기도 하다.

200년 전 영국인들은 철도를 개발함으로써 영국이라는 국가를 만들었다. 철도가 영국 방방곡곡을 잇기 전까지 영국이라는 국가는 저마다 다른 혈통과 문화와 규범과 정치적 견해를 가진 지방들을 한데 묶는 느슨한 개념에 지나지 않았다. 북부 잉글랜드의 요크셔 사람들은 남쪽 런던에서 벌어지는 일이 자신들과 무슨 관계가 있는지 알지 못했다. 그보다 더 북쪽의 스코틀랜드인들은 종종 영국의 적국과 연대해 반란을 일으켰다. 하지만 철도가 전국의 자원과 상품을 연결하고 런던의 신문과 출판물이 당일에 브리튼 섬 곳곳으로 배송되자 비로소 영국은 공통의 정체성과 목표 의식을 가진 국가의 모양새를 갖추었다.

철도는 세계로 퍼져나가며 각지에서 국가가 형성되는 데 이바지했다. 인도는 영국의 식민 지배를 받으며 온갖 고난을 겪었으나, 영국인 통치자들을 몰아내고 난 뒤에는 그들이 들여온 철도를 이용해 인도라는 국가와 인도인의 정체성을 다졌다. 오늘날 총 길이 13만 킬로미터에 이르는 인도의 철도는 연간 80억 명의 사람과 10억 톤의 화물을 실어 나르며 21세기의 강대국 지위를 노리는 주권국가 인도를 떠받치고 있다.

미국 또한 오늘날의 초강대국을 이루기에 앞서 동부 해안과 서부 해안을 연결하는 3000킬로미터짜리 철로를 깔고 장거리 여행자들을 위한 침대칸 객차를 발명했다. 수많은 섬과 지방으로 나뉘어 있던 일본도 영국의 철도 기술자를 초빙해다가 도쿄와 나고야, 오사카, 교토, 고베를 철도로 연결했다. 중국과 러시아 또한 현재 15만 킬로미터의 철도로 이어져 있으며, 유럽은 장장 25만 킬로미터의 유레일 노선을 바탕으로 독특한 역사와 문화를 지닌 여러 나라를 연결해 유럽연합을 이루었다.

몸뿐 아니라 마음도 고되다

철도와 대형 선박이 개발됨에 따라 이동은 예전처럼 마냥 고달픈 일로 여겨지지 않게 되었다. 1950년대에 제트 여객기가 개발되고 나서는 장거리 여행의 육체적 고통이 여행의 주요 장애 요소 후보에서 벗어났다. 이때부터 사람들은 이동의 정신적 고통을 줄이는 일에 보다 큰 관심을 갖기 시작했다.

여러 가지 편리한 이동 수단이 개발되어 이동의 육체적 고통이 상당 부분 경감된 오늘날, 사람들은 일부러 더 고통스러운 방법으로 이동을 하기도 한다. 이를테면 어떤 사람들은 매일같이 자전거를 타고 출퇴근을 한다. 이들은 왜 아침저녁으로 다리를 혹사하고 열량을 소모해가며 한강변을 질주하는 것일까?

1885년에 나란히 탄생한 자동차와 자전거. 오늘날 지구상에 10억 대가 넘게 굴러다니는 인기 교통수단들이지만 경제적, 심리적 효용 면에서 큰 차이를 보인다.

자전거로 출퇴근하는 사람들은 답답하고 지루하고 짜증 나는 이동 수단을 활용하느니 시원하고 운동도 되고 공해도 발생시키지 않는 자전거를 타는 편이 낫다고 말한다. 이들은 육체적으로는 더 고되더라도 정신적인 고통, 즉 스트레스가 덜한 방식으로 이동하는 것을 선택한 사람들이다. 자전거로 출퇴근하는 사람들의 자전거 찬양에는 끝이 없다. 나날이 건강해지고 업무 능률도 오르며 도시를 한결 쾌적하게 만드는 데 기여한다는 느낌이 들고 행복감을 맛볼 수 있다고 말한다. 이제는 자전거 통근 때 발생하는 사고도 산업재해로 인정받을 수 있다.

이동의 정신적 고통을 경감하기 위해 인간은 지금까지 다양한 창의적 방법을 고안해왔다. 최초의 의미 있는 고안 가운데 하나는 대서양을 가로질러 미국과 유럽을 오가는 원양 정기선 신설이었다. 19세기 중반에 노선이 구축된 후로 원양 정기선은 20세기 초반 들어 각광받는 사업으로 자리매김했고, J.P. 모건과 같은 이들이 운영 독과점을 시도하기도 했다. 원양 정기선은 엄청난 수의 승객과 감자와 양파와 우편물을 실어 나르며 북미와 서유럽을 하나로 이어주었다.

많은 유럽인에게 원양 정기선은 미국으로 이민을 떠나기 위한 가장 경제적인 이동 수단이었다. 이들은 배 밑창의 좁은 선실에 갇히다시피 해서 대서양을 건넌 뒤 갑판에 올라 자유의 여신상이 그들을 맞이하는 모습을 바라보곤 했다. 반면에 일부 중산층 및 상류층 사람들에게는 원양 정기선이 다른 의미를 지녔다. 이들에게 원양 정기선은 연회와 무도와 사교를 즐길 수 있는 이동 수단이었다.

원양 정기선 덕분에 많은 사람들이 장기간의 항해를 기꺼이 감수하며 여행의 행복을 취하기 시작했다. 미국인들은 이제 파리나 로마, 피렌체, 런던을 한번 가보았는지 여부를 놓고 체면을 세우거나 구겼다. 유럽인들은 보스턴이 어떻고 뉴욕이 어떻다면서 콧대를 세웠다. 원양 정기선은 지루할 수 있는 장거리 이동의 정신적 고통을 획기적으로 줄이며 본격적인 해외여행의 시대를 열어젖혔다.

자동차가 등장하다

오늘날 세계 경제에서 가장 큰 비중을 차지하는 품목은 석유다. 그다음이 자동차와 반도체, 전자제품 순이다. 그런데 이 석유가 가장 많이 쓰이는 부문이 바로 자동차의 연료다. 그러므로 현대 인류가 제조해 전 세계적으로 유통하는 제품 가운데 자동차야말로 단일 품목으로서 가장 중요한 제품이라 해도 과언이 아닐 것이다. 그만큼 현대인에게 자동차는 각별한 의미를 갖는다.

사람들이 자동차에 열광하는 것은 자동차가 지닌 독보적인 편의성 때문만이 아니다. 자동차가 이동의 육체적 측면 및 심리적 측면과 관련해 절묘한 조화를 이루고 있는 탈것이기 때문이다. 자동차는 말이나 마차처럼 탑승자를 목적지 문 앞까지 정확히 옮겨다 준다는 점에서 더없이 편리하다. 또한 자동차는 말보다 신체적으로 더 편안한 이동 수단이면서도 말을 탈 때와 같은 유능감과 자유를 느끼게 해준다.

남이 모는 마차를 타거나 기차와 배를 타고 이동하는 일에 비해 직접 차를 운전해 이동하는 편이 육체적으로 더 힘든 건 사실이다. 운전을 오래 하면 할수록 온몸에 피로가 쌓이고 집중력도 흐트러지기 마련이다. 남이 구워주는 고기를 먹는 게 고기를 직접 구워 먹는 것보다 수월한 일인 것과 비슷하다.

하지만 야외에서 화로에 불을 피우고 고기를 직접 지지고 볶아서 먹는 편이 식당에서 남이 구워놓은 고기를 먹는 것보다 더 맛있는 법이다. 이편이 더 재미가 있고 스스로의 힘으로 무엇인가를 해낸다는 만족감을 주기 때문이다. 자동차를 모는 일은 고기를 굽는 일보다 한층 더 어려운데 이 점이 오히려 운전의 즐거움을 더해준다.

우리는 아무나 할 수 있는 일을 할 때는 큰 기쁨을 느끼지 못하지만 고도의 기술을 필요로 하는 일을 할 때는 재미와 뿌듯함을 느낀다. 영화 〈분노의 질주〉 시리즈가 어마어마한 수익을 쓸어 담으며 스핀오프를 제외하고도 열 편째 작품 제작을 앞두고 있는 것 또한 사람들이 운전에 부여하는 가치와 운전을 통해 느끼는 쾌감 때문이다.

자동차가 선사하는 자유도 중요한 의미를 갖는다. 자동차는 내가 가고 싶은 곳에 가고 싶을 때 갈 수 있게 해주는 이동 수단이다. 출퇴근길처럼 일정한 구간을 일정한 시간에 왕복할 목적만으로 자동차를 구입하는 사람은 없다. 다들 언제든 드라이브도 하고 캠핑도 떠나고 가족 친지를 방문할 요량으로 차를 산다.

이런 이유로 자동차는 대중화와 동시에 가장 자유로운 여행 수단이자 가장 낭만적인 여행 수단으로 등극했다. 자동차는 오직 운전자의 목적에 따라 움직이는 강력한 여행 수단이다.

미식에 관심이 있는 운전자는 목적지로 가는 길에 있는 레스토랑에 들러 밥을 먹거나 길을 다소 돌아가더라도 더 맛있는 레스토랑을 찾아갈 수 있다. 혹은 아예 처음부터 특정 레스토랑

아바나의 해안 도로 말레콘의 정경. 영화 <부에나 비스타 소셜 클럽>의 도입부에서 삼륜 오토바이로 이 도로를 달리는 장면은 많은 이들의 가슴에 남아 있다.

을 방문하는 것을 목표로 여행을 계획할 수도 있다. 이처럼 목적지까지 가는 길을 돌아서 가더라도 들를 가치가 있는 레스토랑과 특별한 미식 여행을 계획할 가치가 있는 레스토랑에 별을 매겨 수록한 것이 세계 최초의 자동차 가이드북이자 최초의 여행 가이드북 가운데 하나이며 현존하는 최고 권위의 미식 가이드북인 「미쉐린 가이드」다.

1960년대에 태동한 자유 여행이라는 개념도 저마다 고물차를 몰고 세계 곳곳을 여행했던 히피들과 밀접한 관련을 맺고

카라코람 하이웨이는 히말라야를 건너 파키스탄과 중국을 연결하는 길이다. 세상에서 가장 험하고 멋진 길 가운데 하나로 꼽힌다.

있다. 오늘날에는 오스트레일리아 남부의 그레이트 오션 로드나 쿠바 아바나의 말레콘 등 서정적인 드라이빙 코스들이 여행자들의 버킷 리스트에 올라 있고, 카라코람 하이웨이와 같은 험난한 길은 여행의 자유를 상징하는 낭만적인 여정의 대명사가 되었다.

자동차는 가장 안락한 이동 수단은 아니지만 육체적 편의와 정신적 쾌감의 절묘한 균형을 갖추고 있다. 이러한 균형감 때문에 자동차는 지난 100년 동안 인류가 가장 많이 만들어 낸 물건이자 가장 구매하고 싶어 하는 물건 가운데 하나로 자리매김했다.

기술의 발전과 더불어 자동차의 균형감은 점차로 개선되어 왔다. 그리고 이제는 자율주행 기술과의 접목을 통해 완전히 새로운 경지로 나아가고 있다. 자동차를 환상적인 이동 수단으로 만들어준 기술들과 그 정점에 선 자율주행 기술에 대해 찬찬히 살펴보도록 하자.

모바일 전성시대

음악은 이동의 고통을 덜어주는 특효약이다. 이 점에 착안해 세계적인 히트를 거둔 제품이 바로 1979년에 처음 출시된 소니의 워크맨이다. 이름부터가 워크맨인 이 오디오 기기는 사람이 휴대한 채로 걸어 다닐 수 있는 크기의 카세트 플레이어였다. 워크맨만 있으면 고된 통근길과 통학길이 정서적 행복을 추구할 수 있고 세련미를 발산할 수 있는 시간으로 바뀌었다. 음반 회사의 매출도 덩달아 늘어났기에 당시에는 워크맨의 존재를 반기지 않는 이가 없었다.

카세트테이프보다 음질도 뛰어나고 음원이 손상될 우려도 덜한 CD가 등장하자 전자제품 회사들은 이를 재생할 수 있는 휴대용 CD 플레이어를 만들었다. 휴대용 CD 플레이어나 CD 모두 기존의 워크맨이나 카세트테이프에 비해 비쌌지만 사람들은 기꺼이 지갑을 열었다.

1979년 워크맨의 등장 이후로 음악과 이동은 따로 떼어놓고 생각할 수 없는 행위가 되었다.

하지만 휴대용 CD 플레이어에는 한 가지 큰 단점이 있었다. 휴대용 CD 플레이어를 가방에 세워 넣은 상태로 걸어가면 진동 때문에 음악이 곧잘 끊기곤 했던 것이다. 그렇다고 해서 음악을 제대로 감상하기 위해 CD 플레이어를 손바닥 위에 수평으로 올려놓은 채 걸어 다니는 것은 너무도 불편하고 멋없는, 당시의 얼리 어댑터들로서는 기피하고 싶은 행동이었다. 곧이어 메모리를 활용한 진동 방지 기능을 갖춘 CD 플레이어가 등장했지만 이 역시 사용자가 보행 중일 때에는 제 성능을 발휘하지 못했다. 이동의 고통을 즐거움으로 바꿔준 워크맨이 CD를 도입함으로써 원래의 장점을 잃어버리고 만 것이다.

결국 이동과 음악의 결합은 MP3로 완성되었다. MP3 플레이어가 처음 나왔을 무렵 사람들은 MP3의 압축 음질이 형편없다며 불평을 늘어놓았다. 하지만 MP3는 부피, 음원 가격(사실 MP3의 등장 초기에는 제값을 주고 음원을 사려는 사람들이 많지 않았다), 그리고 아무리 뛰고 굴러도 재생이 끊기지 않는다는 장점 때문에 순식간에 CD를 대체했다. 초창기의 MP3 플레이어가 고작 몇십 곡의 음악을 담는 것조차 버거워했다는 사실을 감안하면, MP3 열풍은 사람들이 음악과 이동을 얼마나 밀접하게 결부시키는지를 잘 보여준다.

음악이 운전자의 듬직한 동반자가 된 것은 1930년대부터다. 이때 도입된 최초의 카 오디오는 AM 라디오였다. 카 오디오 개발에 앞장섰던 크라이슬러는 1950년대에 FM 라디오를 장착한 자동차와 커다란 바이닐 레코드 플레이어를 장착한 자동차를 판매하기 시작했다.

1960년대 말에는 8-트랙 테이프 오디오 기기가 등장해 이제 자동차 뒷좌석에 탄 사람들이 "이거 말고 다른 거 들으면 안 돼?"라고 투정할 수 있게 되었다. 이후 카 오디오는 CD와 MP3를 거쳐 와이파이 시대의 유튜브 재생에 이르기까지 꾸준히 발전해왔다. 이제는 사람들에게 언제 주로 음악을 듣느냐고 물어보면 이동할 때라는 대답이 돌아온다. 집에서 음악을 감상하던 시대가 가고 음악은 이제 이동과 한 몸이 되었다.

그러던 어느 날, 사람들은 금단의 영역에 발을 들여놓았다. 이동의 고통을 즐거움으로 바꿔준다는 측면에서 음악보다 훨씬 강력한 요소인 영상에 관심을 갖게 된 것이다.

나는 가벼운 비행공포증을 가지고 있다. 비행기를 타면 이륙할 때와 착륙할 때는 물론이고 기체가 선회할 때나 고도를 조정할 때, 난기류를 만날 때 매번 몸에 찌릿찌릿한 전류가 흐르는 듯한 경험을 한다. 비행기가 조금이라도 흔들리면 어김없이 심장이 쿵쾅거린다.

"무서워하지 마! 이건 공기일 뿐이야!"

영국 드라마 〈더 크라운〉에 나오는 대사인데, 나도 비행기가 흔들릴 때면 가끔 속으로 이렇게 외치곤 한다. 하늘에는 지상처럼 장애물이 있는 것도 아니고 가끔 가다 공기 덩어리와 부딪히는 것뿐인데 무슨 문제가 있겠느냐고 스스로를 타이르는 것

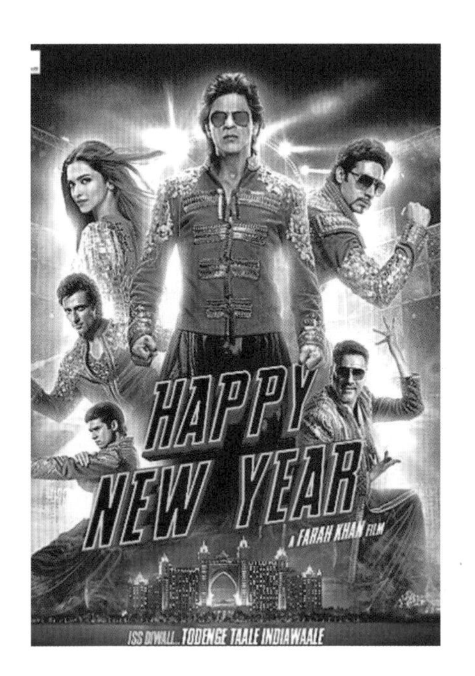

샤룩 칸, 디피카 파두콘, 아빗쉑 밧찬 주연의 <해피 뉴 이어>(2014). 인도 영화에 대해 내밀히 품어온 편견을 배신하지 않는 유치한 내용이었지만 영상과 음악과 안무의 세련미에는 깜짝 놀랄 수밖에 없었다. 영화에 푹 빠져 있으려니 어느새 비행기가 착륙을 준비한다는 기내 방송이 흘러나왔다.

이다. 그럼에도 불구하고 비행기가 흔들릴 때면 나는 언제나 손바닥에 맺힌 땀을 바지에 문질러 닦곤 한다.

이런 나도 영화와 함께라면 비행공포증에서 해방될 수 있다. 2015년에 나는 비행기 앞좌석 등받이에 달린 스크린을 통해 난생처음으로 〈해피 뉴 이어〉라는 인도 영화를 보았다. 영화가 지닌 힘은 놀랍기 그지없다. 인간의 가장 중요한 감각기관인 시각을 통째로 점유하는 데다가 청각과 고차적 인지 능력 또한 한껏 활용하게 만든다. 영화에 몰입해 있는 동안은 주변에서 전해오는 갖가지 불편한 느낌에 주의를 돌릴 겨를이 없다. 이동 중에 영화를 볼 수만 있다면 나는 비행기도 신나게 타고 어지간히 고된 장거리 이동도 거뜬히 해낼 자신이 있다.

운전을 하며 영상을 감상한다는 개념은 DMB의 출현과 더불어 등장했다. 사람들은 곧바로 운전을 하며 스포츠 중계를 보고 드라마를 보고 뉴스와 영화를 보기 시작했다. 지상파 DMB가 잠시 인기를 끈 이후로는 무선 인터넷 기술이 비약적으로 발전했다. 이제는 차를 운전하며 보고 싶은 건 뭐든 다 볼 수 있다. 그와 더불어 운전 중 주의력 저하로 인한 자동차 사고도 폭증했다. 모바일 영상 기술을 자동차에 적용시키는 것은 다소 시기상조였던 셈이다. 모바일 영상 기술은 독자적으로 아무리 발전해봤자 운전자에게 별 도움을 줄 수 없는 기술이다. 반드시 자율주행 기술과 결합되어야 한다.

이는 모바일 커뮤니케이션 기술에 대해서도 똑같이 적용할 수 있는 말이다. 미국 드라마 〈하우스 오브 카드〉를 보면 이런 장면이 나온다. 하원의원인 프랭크 언더우드의 지역구에는 그곳을 상징하는 커다란 복숭아 조형물이 있다. 그런데 어떤 운전자가 길을 지나다가 그 조형물을 보고 큰 감명을 받은 나머지 남자 친구에게 "저건 꼭 거대한……"이라고 문자를 보내다가 교통사고가 나 사망한다. 운전자의 주의를 흐트러뜨리는 조형물을 길가에 방치했다는 이유로 비난을 받은 언더우드는 사망자 유족을 달래러 간다.

2010년을 전후로 임계점을 돌파한 모바일 기술, 즉 무선 인터넷 기술과 SNS 및 스마트폰 기술은 우리의 삶을 누구도 예상하지 못한 방향으로 바꿔놓았다. 이는 일찍이 어떤 SF 작가도 예측하지 못한 근본적인 변화였다. 20세기의 SF 작가들은 우주개발 기술이나 컴퓨터 네트워크, 운송 기술, 에너지 기술, 로봇, 인공지능, 생명공학이 우리의 삶과 사회를 어떻게 바꿀지에 대해 이야기했다. 하지만 그 누구도 스마트폰으로 인터넷에 접속하는 것이 얼마나 굉장한 일이며 우리의 삶과 사회를 이렇게까지 바꾸어놓으리라고는 짐작하지 못했다.

모바일이 변화시킨 우리 삶의 양상 가운데에는 이동 행위도 포함되어 있다. 모바일 기술은 우리가 어디로 어떻게 얼마나 이동하든 관계없이 정보와 엔터테인먼트를 지속적으로 섭취할 수 있게 해주는 기술이다. 이러한 행복과 자유에 심취한 사람들은 이제 이동과 정보 획득, 이동과 사회적 소통을 하나의 범주로 묶기 시작했다.

모바일은 여행의 양상 또한 바꿔놓았다. 불과 몇십 년 전만 해도 사람들은 사회적 관계로부터 벗어나 여행길에 올랐으나 이제는 사회적 관계를 끌어안은 채로 여행에 나선다. 여행이 고되고 지겨워질 때면 언제든 SNS와 모바일 게임과 고향의 뉴스라는 익숙한 세계로 후퇴할 수 있게 된 것이다.

모바일 기술은 사람들로 하여금 여행을 나가서 얻어 오는 것과 여행을 나갈 때 놓고 나가는 것 사이에 새로운 균형을 추구하게 만들었다. 여행의 고립감과 막막함과 불안을 덜어 내면서도 예기치 못한 경험과 맞닥뜨리고 새로운 사람을 사귀는 즐거움을 유지하는 방법을 찾도록 해주었다.

모바일 영상 기술과 커뮤니케이션 기술은 우리의 이동 및 여행 행위와 혼연일체가 되어가고 있으나 아직까지 운전과는 하나가 되지 못했다. 목적지까지 안전하게 도착하기 위해서는 모바일 쪽은 거들떠보지도 않는 편이 좋다. 모바일 기술은 자율주행 기술을 발판 삼아 다음 단계로 나아갈 가능성이 있다. 자율주행 기술은 운전의 육체적, 정신적 피로를 획기적으로 경감해줄 수 있는 가장 강력한 기술이며 운전자를 차에 탄 여행자로 만들어줄 기술이다.

자율주행이 만드는 새로운 균형점

차를 모는 것만으로도 자유와 유능감을 경험할 수 있는데 비행기를 모는 일은 어떤 기분일까. 드넓은 창공을 가르는 자유와 더불어 전 세계 0.00005퍼센트의 사람만이 할 수 있는 일을 하고 있다는 뿌듯함까지 맛볼 테니 그야말로 하늘을 나는 기분일 것이다.

그럼에도 불구하고 사람들은 조금이라도 조종간에서 손을 떼고 싶었던 모양이다. 라이트 형제가 동력 비행에 성공한 지 십 년도 지나지 않은 1912년에 처음 자동비행 기술이 개발된 것을 보면 그런 생각을 하지 않을 수가 없다.

장거리 비행을 하는 동안 계속해서 나침반과 고도계와 속도계를 들여다보며 조종간을 붙들고 있는 것은 여간 고된 일이 아니었다. 말이나 낙타는 얼마간 훈련을 거치고 나면 사람이 일일이 방향을 정해주지 않아도 저 혼자 길을 따라갈 줄 안다. 지각이 있고 학습 능력이 있기 때문이다. 그렇다면 비행기도 일정한 속도로, 정해진 방향과 고도를 따라 스스로 날아간다면 얼마나 편리할까? 이런 생각에서 나온 발명품이 바로 자동비행 기술이다. 육상과 달리 하늘에는 장애물이 없기에 구현하기도 어렵지 않았다.

자동비행 기술은 조종사들의 자유와 유능감 경험을 감소시키지 않았다. 오히려 이들이 한층 자유롭게 더욱 전문적인 일을 할 수 있도록 보조하는 역할을 했다. 비행기가 스스로 알아서 날아가게 되자 조종사들은 오직 그들만이 할 수 있는 보다 가치 있는 일을 할 시간과 여유를 얻었다. 이제 조종사들은 지도를 보고 항로를 연구하거나 구름의 모양을 살피며 난기류를 피하는 데 주의를 기울였다. 적진을 정찰하고 근처 어디에 UFO가 떠 있지는 않은지 감시하는 것도 조종사들의 몫이었다.

『어린왕자』의 작가 앙투안 드 생텍쥐페리는 자동비행 기술을 이용해 파일럿으로서 누릴 수 있는 자유와 공중에 붕 뜬 느낌을 제대로 만끽한 인물로 유명하다. 프랑스 공군 소속이었던 이 작가는 하늘에 떠서 책 읽는 일을 어찌나 좋아했는지 장거리 비행을 마치고 목적지에 도착한 뒤에도 비행장 주위를 선회하며 읽던 책을 마저 읽곤 했다고 한다.

오늘날에도 파일럿과 자동비행 기술은 서로의 단점을 보완하고 장점을 강화하며 수많은 이들을 안전하고 편안하게 목적지로 안내한다. 최근에는 특히 전투기 개발과 관련해 입이 떡 벌어지는 시도가 이루어지고 있다.

어렸을 적 나는 종종 오락실에서 〈19XX 시리즈〉를 즐기곤 했다. 이는 1984년 처음 출시된 캡콤의 종스크롤 아케이드 게임 시리즈로, 전투기를 조종해 적의 탄환을 피하며 적기를 격추하는 게임이다. 〈19XX 시리즈〉의 재미 가운데 하나는 윙맨을 먹는 것이다. 게임을 진행하다가 특정 아이템을 획득하면 내 전투기 옆에 작은 윙맨 기체가 생긴다. 윙맨은 본체와 일정한 거리를 유지하며 본체와 보조를 맞춰 움직이고 총을 발사한다. 똑같이 비행기를 조종하면서 총알은 세 배로 쏠 수 있으니 여간 신나는 일이 아니다.

이 게임에 등장하는 윙맨 시스템이 미래의 공중전 양상을 크게 변화시킬 가능성 가운데 하나로 제기되었다. 전투기 파일럿은 오랜 기간의 훈련 과정을 필요로 하는 귀중한 인력이지만 만에 하나 전투기가 격추될 경우에 목숨을 잃을 가능성이 높다. 그 때문에 오늘날의 전투기 제작사들은 AI에 전투기 조종을 맡기는 기술을 연구하고 있다.

하지만 전투기 AI는 여러 AI 기술 중에서도 개발하기가 까다로운 축에 속한다. 논리적이면서도 직관적인 판단 능력이 요

보잉의 에어파워 티밍 시스템 '로열 윙맨'.
충직한 호위기라는 뜻이다.

구되기 때문이다. 여전히 AI는 직관력 면에서 인간을 따라오지 못한다. 이런 이유로 보잉사는 최근 파일럿 한 명이 자신의 기체와 더불어 드론 기체 두 기를 조종하는 '에어파워 티밍 시스템'을 개발했다. 이는 파일럿 한 명의 전투 능력과 드론 AI의 임무 수행 능력을 최대한으로 끌어내 공중전에서 우위를 점할 수 있는 기술로 주목받고 있다.

비행기 조종사들은 단순하고 힘이 많이 드는 부분을 기계에 넘김으로써 그들만이 할 수 있는 임무를 보다 훌륭하게 수행하고 있다. 자율주행 기술이 운전자에게 제시하는 선택지도 이처럼 운전의 육체적 고통과 정신적 피로를 경감하면서 자유와 유능감을 맛보게 해주는 몇 가지 새로운 균형점들이다.

“차에 핸들을 다시겠어요?”

자율주행 기술이 제공하는 선택지는 크게 다섯 단계로 나뉜다. 이 가운데 탑승자에게 운전 경험을 전혀 제공하지 않는 단계, 즉 차를 살 때 “차에 핸들을 다시겠어요?”라는 질문을 듣게 되는 단계가 마지막인 5단계 완전 자율주행차다. 반면에 1단계 자율주행 기술이란 자율주행 기술이 운전자를 보조하는 수준에 제한되는 것을 뜻한다.

1단계 자율주행 기술의 대표적인 예는 주차 보조 기능과 더불어 최근 각광을 받고 있는 적응식 정속주행 시스템(어댑티브 크루즈 컨트롤)이다. 이는 허용된 범위 내에서 앞차와의 안전거리를 자동으로 유지해주는 시스템이다. 이 시스템이 갖춰진 차를 몰고 추석 귀성길에 오를 경우, 정속주행 모드를 켜놓으면 차가 알아서 가다가 멈췄다 한다. 물론 교통 체증을 겪지 않고 고속도로를 씽씽 달리는 게 가장 유쾌한 경험이겠으나, 어차피 통과해야 할 귀성길이라면 엑셀과 브레이크를 수없이 번갈아 밟으며 다리를 혹사시킬 필요가 있을까?

1단계 자율주행 기술은 운전자에게 여전히 대부분의 운전 행위를 맡기되 가장 피로를 느끼기 쉬운 부분을 보조함으로써 우리가 더 즐겁고 덜 힘들고 더 안전하게 운전하도록 해주는 기술이다. 현대자동차나 기아자동차 등 우리나라에서 생산하는 차들도 2015년 무렵부터는 대부분 정속주행 시스템을 옵션으로 지원하고 있다.

1단계 자율주행 기술과 2단계 기술의 가장 큰 차이는 운전자가 운전대에서 손을 놓을 수 있느냐 하는 점이다. 2단계 자율주행 기술은 소프트웨어가 차선 유지와 가속, 브레이크를 담당하기 때문에 운전자가 운전대를 계속 잡고 있을 필요가 없고 엑셀과 브레이크를 밟지 않아도 된다. 그 대신에 운전자는 사방의 상황을 주시하면서 경로 탐색이나 추월과 같은 고차원적인 운전 행위를 해야 한다. 위급한 상황이나 복잡한 의사결정을 필요로 하는 상황에서는 언제든지 자동차의 통제권을 넘겨받을 수 있도록 준비가 되어 있어야 한다.

2단계 자율주행 기술은 비행기의 자동비행 기술처럼 단순하고 힘이 많이 드는 운전 기능은 자율주행 소프트웨어가 담당하도록 하고 고차적인 운전 행위는 여전히 운전자에게 맡기는 기술이다. 최근에는 2단계 자율주행 기술이 완전 자율주행 기술인 5단계 기술인 것으로 착각하는 바람에 운전 중에 정신 나간 일을 하거나 끔찍한 사고를 당하는 사람들이 늘어나고 있다.

2단계 자율주행 기술은 운전석을 비워놓고 술을 퍼마실 수 있는 기술이 아니라 운전자가 운전석에 앉아 전후좌우를 주시하고 있어야 하는 기술이다. 과속으로 주행하며 위협적인 끼어들기와 광기의 드리프트를 하고 싶은 경우가 아니라면 2단계 자율주행 기술만 가지고도 우리는 목적지까지 정속으로 교통법규를 지키면서 편안하고 안전하게 이동할 수 있다.

3단계 자율주행 기술에 이르면 드디어 운전자가 운전 중에 영화를 보고 인터넷 방송을 즐기며 전화와 SNS를 이용할 수 있게 된다. 생텍쥐페리처럼 독서와 사색, 작품 구상을 할 수도 있다. 3단계 자율주행차는 목적지까지 규정 속도 내에서 안전 주행을 하면서 길이 막힐 경우에는 차선을 변경하고 우회로를 택하는 등의 고차적 의사결정까지 맡아볼 수 있다.

출퇴근길처럼 매일 반복되는 노선의 경우에는 3단계 자율주행 소프트웨어에 운전을 맡겨놓으면 운전자가 목적지에 도착할 때까지 운전과 관련된 행위를 전혀 하지 않아도 된다. 대신에 운전자의 의사결정이 필요할 때는 소프트웨어가 운전자에게 개입을 요청한다. 잘 모르는 길을 나아가야 한다든지 전방에 예측 불가능한 요소가 있을 때에는 운전자가 자동차의 조종 권한을 넘겨받아야 하므로 뒷좌석에 누워 잠만 자고 있을 수 없다. 생텍쥐페리처럼 운전석에 앉아서 책을 읽든 영화를 보든 사색을 하든 SNS를 이용하든 해야 한다.

3단계 자율주행 기술은 반복되는 일상적 경로에서 엔터테인먼트와 커뮤니케이션을 즐길 여유를 선사하고 때로는 운전의 쾌감과 유능감을 느낄 수 있게 해준다. 여기서 한 단계 더 나아가 소프트웨어가 대부분의 교통 상황에 스스로 대처할 수 있게 된 것이 4단계, 5단계 자율주행차이다.

4단계 자율주행 기술과 5단계 자율주행 기술을 가르는 기준은 세상 어디든 갈 수 있느냐의 여부다. 4단계 자율주행차는 5단계 차량과 마찬가지로 완전 자율주행을 하지만 주행 가능한 구역이 제한적이다. 자율주행차가 다니기에 용이하고 네트워크 인프라가 튼튼한 곳에서만 완전 자율주행으로 길을 누빌 수 있다. 한편 5단계 자율주행차는 운전자가 아무런 운전 행위도 하지 않는 상태로 세상 모든 곳을 돌아다닐 수 있는 자동차를 뜻한다.

아직 5단계 자율주행차는 상용화 단계에 이르지 않았다. 센서 기술과 운전 소프트웨어, 네트워크를 활용한 교통 통제 기술 등은 이미 상당한 수준에 이르렀기에 5단계 자율주행차를 구현하는 일이 현실적으로 불가능한 것은 아니다. 하지만 해킹 가능성과 같은 기술적 문제와 더불어 사람들이 완전 자율주행차를 타고도 불안해하지 않을지, 운전 경험을 포기하면서까지 비싼 자율주행차를 구매하려 할지와 같은 심리적 문제가 상용화의 걸림돌로 작용하고 있다.

그래서 5단계 자율주행 기술을 개발하는 연구자들과 자동차 회사들은 이 기술을 어떤 부문에 적용하면 사람들의 심리적 장벽이 낮아질지를 놓고 고심 중이다. 현재 유력한 후보로 지목되고 있는 것은 렌터카 부문이다. 장롱면허를 들고 길도 잘 모르는 제주도에 가서 다른 수많은 장롱면허들과 더불어 도로를 질주하는 편이 좋을까? 아니면 마음 편하게 자율주행차 뒷좌석에서 두 다리 쭉 뻗고 친구들과 담소를 나누며 성산 일출봉의 웅장한 모습을 감상하는 편이 좋을까?

또한 택시와 버스처럼 어차피 남이 모는 차를 타야 하거나 차량의 속도감을 중시하지 않으며 목적지까지의 이동 거리가 짧은 경우에는 사람들이 자율주행 기술에 대해 편안한 느낌을 받을 수 있다. 이는 도심지의 교통 체증 및 사고율 감소는 물론이고 환경오염을 줄이는 데에도 도움이 되는 방안이다. 2018년을 기점으로 미국과 중국의 일부 도시에서는 이런 '로보택시'들이 상용화 초기 단계에 접어들었다. 현재 대중교통 자율주행화의 가장 큰 걸림돌로 지목되는 것은 기술적인 문제가 아니라 오히려 이 기술이 불러올 어마어마한 규모의 고용 파괴다.

자율주행차에 대한 저항감

자율주행차의 미래에 가로놓인 문제는 기술적 문제라기보다 사회적 문제이며 심리적 문제다. 자율주행차는 특히 세계 여러 나라의 고용 구조에 커다란 타격을 줄 것이다.

방콕에 자율주행 툭툭(삼륜 택시)이 도입된다면 당장 많은 여행자들이 뛸 듯이 기뻐할 것이다. 자율주행 툭툭은 전기 툭툭일 테니 툭툭이 내뿜는 엄청난 매연에 겁먹을 필요가 없고, 종잡을 수 없는 툭툭의 움직임 때문에 사색이 될 일도 없다. 필사적으로 손잡이에 매달리는 대신 여유 있게 시내 구경을 하며 방콕 어디든 갈 수 있으니 여행자 입장에서는 이 얼마나 반가운 일이겠는가.

인도의 몇몇 지역을 여행할 때는 택시나 릭샤에 탑승하기에 앞서 운전사의 눈을 들여다보고 이 사람이 지금 술이나 약물에 취하지 않은 맑은 정신으로 운전을 하고 있는지 파악하는 것이 급선무인데, 자율주행 기술이 도입되면 이런 문제도 사라질 것이다. 그러나 방콕과 인도의 수많은 대중교통 운전사 입장에서 보면 이와 같은 미래는 유토피아가 아니라 디스토피아다. 생계 수단이 사라져버린 절망적인 삶이 이들을 기다린다.

탑승자가 겪는 심리적 문제는 고용 파괴라는 사회적 문제 못지않게 강력한 장벽이다. 사람들이 느끼는 자율주행차에 대한 거부감은 2010년대에 시행된 각종 조사들에서 꾸준히 드러난 바 있다. 최근 미국자동차협회에서 다양한 연령대의 미국인을 대상으로 조사를 벌인 결과 또한 10년 전의 조사 결과와 비교해 큰 차이를 보이지 않았다. 자율주행 기술에 대한 미국인들의 불신을 보여주는 단적인 예로, 70퍼센트 이상의 응답자가 자율주행차에 탑승하는 것이 꺼림칙하다고 답할 정도였다.

자율주행차에 대한 사람들의 우려에는 합리적인 측면과 비합리적인 측면이 공존한다. 자율주행차에 대한 비합리적인 우려는 대부분 비행기에 대한 두려움과 뿌리를 같이한다. 비행기는 자동차와 비교도 할 수 없을 만큼 안전한 이동 수단이지만, 날마다 자동차를 타는 사람도 비행기 탑승은 두려워하는 경우가 있다. 비행기에 대한 공포증은 비합리적이다.

비행기는 사고 발생 확률이 지극히 낮지만 한번 추락하면

20세기 전반 현대 무용을 상징하는 무용가 이사도라 던컨은 교통사고로 사망한 수많은 유명인 가운데 한 명이다. 던컨은 차창 밖으로 스카프를 늘어뜨린 채 드라이브를 하다가 스카프가 차량 바퀴에 끼는 바람에 사고를 당했다. 자동차 문화가 도입되고 나서 오래지 않아 발생한 사건으로, 차량에 탑승할 때는 특히 안전에 유의해야 한다는 사실을 대중이 깨닫는 계기를 제공했다.

많은 사망자를 낳아 언론의 큰 주목을 받는다. 특히 국적기가 추락할 경우, 해당 국가 언론은 일주일 내내 사고 현장과 구조 작업 현장 보도에 열을 올리곤 한다. 이러한 모습이 재난 상황을 악용하는 일종의 황색 저널리즘이라는 비판을 의식해서인지 최근에는 언론사들 스스로 자정 노력을 기울이고 있는 추세다. 하지만 이러한 언론사들의 대오각성이 있기 전까지는 온종일 전 국민이 비행기 추락 뉴스만 들여다보고 있어야 하는 일이 비일비재했다. 이런 뉴스를 접하면 사람들은 "비행기가 또 떨어졌네"라고 생각한다.

또한 적지 않은 수의 사람들이 저가 항공사의 소형 비행기가 더 위험하다고 생각하는 경향이 있다. 언론에서 크게 다룬 항공기 추락 사고는 대부분 주요 항공사의 커다란 비행기들인데도 말이다. 우리나라를 떠들썩하게 했던 1989년과 1997년의 대한항공 추락 사고와 1993년과 2013년의 아시아나 추락 사고를 떠올려보자.

자율주행차에 대한 공포심에도 이와 같은 측면이 있다. 미국 캘리포니아에서 누가 교통사고로 사망한다 해도 그 사람이 제임스 딘, 폴 워커, 그레이스 켈리, 잭슨 폴록, 이사도라 던컨, 다이애나 황태자비, 아라비아의 로렌스와 패튼 장군이 아닌 이상 우리에게 그 소식이 전해지는 일은 없다. 날마다 부지기수의 사람들이 교통사고로 목숨을 잃고, 이는 별로 신기하거나 특별한 일이 아니기 때문이다.

하지만 지구 어딘가에서 자율주행차가 사고를 냈다 하면 전 세계 언론에 사고의 참상이 적나라하게 보도된다. 소프트웨어 문제 때문인지 아니면 다른 문제가 있었는지에는 별 관심을 기울이지 않는다. 그저 자율주행차가 트럭 뒤쪽을 전속력으로 받아버렸다는 사실만이 중요하게 다루어진다. 이렇게 충격적이고 강렬한 뉴스를 접하고 나면 사람들은 자율주행차가 보통 차보다 사고를 더 자주 낸다고 생각하게 된다. 사고의 규모 또한 보통의 자동차 사고보다 더 크다고 생각하는 경향도 생긴다.

자율주행차 덕분에 사고를 피한 이야기는 좀처럼 보도되지도 않고 사람들의 기억에서도 빨리 사라진다. 예컨대 2020년 초 태풍 속을 달리던 테슬라 차량 두 대를 400년 묵은 참나무가 덮친 사고가 있었다. 두 차 모두 운전자들은 미처 반응하지 못했지만 오토파일럿이 때맞춰 브레이크를 밟아주었다. 이날 자율주행 소프트웨어가 여덟 명의 목숨을 구했다는 뉴스가 전해졌으나 사람들의 시선을 오래 붙잡아 두지는 못했다.

통제력 상실에서 오는 불안감도 만만치 않다. 나는 개인적으로 오토바이를 자동차보다 편하게 느끼는 편이다. 여행을 떠나면 현지에서 오토바이를 빌려 드라이브를 즐기곤 한다. 물론 오토바이가 그다지 안전한 이동 수단이라고 말하기는 어렵다. 나는 라오스 북동부의 시골길에서 오토바이를 탄 채로 진흙탕에 뒹군 적이 있고, 인도네시아 롬복에서는 가파른 언덕을 오르다 도로 한복판에서 오토바이 시동이 꺼지는 일을 겪기도 했다. 그럼에도 불구하고 지금까지 오토바이를 타며 가장 무서웠던 순간은 대학 시절 친구가 모는 50시시(cc) 오토바이 뒷자리에 올라탄 채 학교 정문 로터리를 돌아나갔을 때였다.

이는 평소 운전을 하는 사람이 다른 사람이 운전하는 차에 탔을 때 불안해하며 훈수를 일삼는 것과 마찬가지 경우다. 스스로 차를 통제할 때 우리는 안정감을 느낀다. 통제권을 박탈당하고 남이 모는 차나 오토바이에 타면 불안감을 느낀다. 그러니 운전자들이 4단계, 5단계 자율주행차 뒷좌석에 앉아 안대를 쓴 채 편안히 잠들 거라고 넘겨짚는 것은 그야말로 안이한 생각이다.

하지만 자율주행차의 미래가 이처럼 어둡기만 하다면 오늘날 여러 자동차 회사와 연구실에서 자율주행 기술 개발에 열을 올릴 이유가 없을 것이다. 자동차 회사와 대학 연구실의 공학자들은 훗날 우리가 자율주행차의 긍정적 측면에 열광하게 되리라는 사실을 잘 알고 있다. 교통 사고율 감소, 교통 체증 감소, 환경오염 감소. 우리 삶의 질을 한 단계 상승시킬 긍정적 변화들을 반겨 마지않을 것이라는 점을 말이다. 자율주행차에 대한 심리적 거부감이 약화되고 나면 그 자리에는 자율주행차에 대한 어마어마한 수요가 들어찰 것이다.

낮은 단계의 자율주행 기술은 자율주행차에 대한 심리적 장벽을 낮추는 데 결정적 역할을 하고 있다. 1단계 운전 보조 기능을 맛본 운전자들은 2단계 기술을 보다 쉽게 받아들일 수 있다. 2단계 기술로 출퇴근을 해본 사람은 더 높은 단계의 자율주행 기술을 갈망하게 된다. 3단계 자율주행차를 타고 인스타그램이나 유튜브를 즐긴 사람은 더 많은 돈을 지불하고서라도 4단계, 5단계 기술을 갈구하게 될 것이다. 자율주행 기술은 이처럼 서서히 우리 마음의 장벽을 갉아먹으며 느리지만 확실한 미래로 다가오고 있다.

CHAPTER 3

웨어러블 로봇

인간은 약하다

인간은 지구상에서 단연 돋보이는 지적 능력을 지닌 생물 종이지만 신체적 능력 면에서는 눈에 띄는 강점을 갖고 있지 않다. 달리기의 경우를 한번 살펴보자. 역사상 가장 빠른 인간이라는 우사인 볼트는 100미터를 9.58초에 주파하고 200미터를 19.19초에 뛰었다. 400미터를 36.84초 만에 완주한 계주 팀의 주역이기도 했다. 인간치고는 엄청난 기록이지만 대부분의 네 발 달린 육상동물들이 콧방귀를 뀔 만한 성적이다. 볼트의 최대 순간속도는 시속 47킬로미터 정도인데, 순간속도가 시속 60킬로미터에 미치지 못하면 사실 포유류라고 부르기도 머쓱하다. 인간이 속도로 승부할 수 있는 상대는 설치류 정도다.

그래도 인간은 파충류 중에서 가장 빠르다는 오스트레일리아 중부턱수염도마뱀보다 빠를뿐더러 장거리 달리기에서는 지구상 대부분의 종을 압도하는 능력을 보여준다. 사냥과 생존에는 별 도움이 되지 않지만 넓은 생활 반경을 바탕으로 문명을 퍼뜨리기에는 유리한 특성이니 나름 자부심을 가질 만하다. 이 정도로 위안을 삼고 넘어가려 해도 인간의 감각기관 이야기가 나오면 우리는 다시금 좌절할 수밖에 없다.

인간에게 가장 중요한 감각기관은 눈이다. 그런데 그 눈마저 썩 기능이 뛰어나지 않다. 인간은 시각 의존도가 높은 데 비해 눈의 성능은 동물들 가운데 안 좋은 편에 속한다. 가시광선 영역밖에 보지 못하고 전방의 가까운 사물밖에 보지 못하며 밝을 때만 볼 수 있다.

물론 반려동물인 개에 비해 인간의 시력이 더 좋기는 하다. 하지만 개는 인간처럼 시각에 크게 의존하지 않는다. 개는 후각

오스트레일리아에 서식하는 동글동글하고 토실토실한 유대류 웜뱃은 시속 40킬로미터의 속도로 100미터를 달릴 수 있다. 이는 대부분의 사람보다 빠른 속도다.

에 의존하는 동물이고 그에 걸맞게 코가 아주 좋다. 인간은 대부분의 육상동물보다 후각이 나쁘다. 우리는 눈에 잘 띄지 않는 주방 구석 틈새에 훈제 오리고기가 든 봉투를 떨어뜨리고도 강아지들이 그 틈에 코를 밀어 넣고 킁킁대지 않는 이상 실수를 알아차리지 못한다. 사람의 코가 어쩌다 이렇게 못 써먹을 물건이 되었는지 기가 찰 노릇이다.

인간은 직립보행을 한다는 특징을 갖고 있는데 그로 인한 허리 통증이 하루에도 몇 번씩 엄습해오기 시작하면 도대체 우리 선조들은 왜 직립보행을 할 마음을 먹었던 건지 울화통이 절로 치밀어 오른다. 직립보행을 하니 점프력은 뛰어날 거라고 생각하면 오산이다. 자기 신장의 여섯 배에 이르는 점프력을 보유한 고양이들을 비롯해 대부분의 동물이 인간보다 점프력이 뛰어나다.

손이 있으니 매달려 타고 오르는 건 잘하지 않을까? 인간은 물개나 바다사자보다는 암벽을 잘 오르지만, 원숭이는 차치하고 웬만한 균형 감각 뛰어난 네 발 짐승들보다도 나무타기와 암벽타기를 못한다. 우리는 체조와 무용, 서커스, 기예를 연마하며 자신들이 나름 재기 발랄하고 유연한 종이라고 생각하지만, 볼쇼이 극장 뒷골목에서는 오늘도 길고양이들이 옹기종기 모여서 인간이 춤추는 모습을 비웃고 있을 것이다.

힘에 관련해서는 더 말할 나위도 없다. 사람들은 무송이 호랑이를 때려잡았다느니 삼손이 맨손으로 사자를 죽였다느니 별

여기 오르는 일이 뭐 대수냐고
표범이 우리에게 묻는다.

의별 헛소리를 옮겨대지만, 이는 인간의 콤플렉스를 반영한 이야기일 뿐이다. 자기 체중의 5000배까지 들어 올릴 수 있는 개미, 악력과 완력의 대명사인 고릴라, 무는 힘이 톤 단위에 이르는 악어와 하마에 이르기까지 동물들이 보유한 힘은 어마어마하다.

무는 힘 이야기가 나온 김에 인간의 치아에 대해 살펴보자면 이건 또 얼마나 허약한 물건인지 한숨이 절로 나올 지경이다. 음식물을 씹어서 섭취하는 동물들 가운데 특히 인간의 치아 내구도 및 재생 능력은 절대적으로 약하다고 단언할 수 있다. 상어는 평생 5만여 개의 이빨이 돋아나기에 끝없이 먹이를 사냥할 수 있다. 5만 개는 고사하고 평생 한자리에 두 개의 이가 나는 존재, 그나마 어렸을 때 한차례 이갈이를 하고 나면 남은 하나를 애지중지 모셔가며 백 년을 살아야 하다니.

이처럼 조악한 신체 능력 때문에 인류는 최초의 종교 또는 영적 체계로서 샤머니즘을 발전시켰다. 늑대와 매와 곰이 사람에게 빙의할 수 있으며, 그러면 사람도 늑대처럼 냄새를 잘 맡고 매처럼 멀리 보며 곰처럼 강인해질 수 있으리라는 생각은 보다 뛰어난 신체 능력을 향한 인간의 갈망을 투영한 것이다.

인간은 무엇으로 진화하는가

인간의 손은 힘과 운동 능력이 뛰어난 기관이 아니다. 우리는 손과 손톱을 이용해 사냥감의 목을 할퀴어 죽음에 이르게 할 수 없고 땅을 팔 수도 없다. 그 대신 우리 손은 정교하고 지적인 기관으로 발달했기에 도구를 만들고 악기를 연주하며 그림을 그리는 데 유용하다. 정교하고 지적인 손 덕분에 우리 선조들은 발톱을 휘두르는 대신 창을 던져 사냥을 하고 칼로 고기를 저밀 수 있었다.

열악한 신체 조건을 지닌 인간에게 도구는 특별한 의미를 갖는다. 도구는 인간이 스스로 진화하기 위해 불가분의 관계를 맺은 요소이며 인간다움의 근본을 이룬다. 외계인에게 “인간을 그려보세요”라는 과제를 내주었는데 손에 아무 도구도 쥐고 있지 않은 사람을 그렸다면 전부 퇴짜를 놓아 마땅하다.

옷 또한 마찬가지다. 사실 우리에게 모피가 없다는 것은 신체적 강점이라 할 만하다. 모피가 없으면 이와 벼룩 등 기생충의 공격에서 비교적 자유로워질 수 있다. 또한 장거리 달리기나 이동을 할 때 체온을 조절하기도 수월하다. 그러나 모피가 없으면 여름날의 뜨거운 햇볕과 겨울날의 차가운 바람을 견디기가 어렵다. 인간의 놀라운 점은 모피의 부재에서 기인한 이점은 이점대로 취하고 그에 따른 약점은 옷으로 보완했다는 것이다.

옷은 직접 몸에 걸치는 방식으로 우리 신체의 기능을 보완해준다. 체온을 조절하고 피부를 보호해야 하는 상황, 즉 대부분의 인류가 직면한 상황에서 옷은 인간이라는 생물을 완전하게 만들어준다. 도시에서 인간 본연의 모습으로 돌아가겠다며 옷을 입지 않고 사는 사람은 어린아이가 아닌 이상 정상적인 사람 대우를 받기가 어렵다.

인간은 직립보행을 하고 정교한 손을 가졌으며 인지 능력이 뛰어나다. 또한 도구를 사용하고 옷을 입는 존재다. 인간은 날개가 없으나 스스로 만들어 낸 날개로 하늘을 난다. 맨몸으로는 웜뱃과의 달리기 경쟁에서 패배하지만 자동차에 올라타면 치타보다 빠르게 달린다. 인간은 신체 능력의 발전을 통해 진화를 이루는 게 아니라 손에 들고 사용하는 것과 몸에 두르는 것을 개발하고 발전시킴으로서 스스로 진화하는 존재다. 이제부터 살펴볼 내용은 우리가 스스로를 진화시키기 위해 몸에 두르는 것, 즉 우리 외골격의 미래다.

외골격 진화의 역사

인간의 외골격의 시조는 옷이다. 자고로 골격이라 하면 경도가 높고 스스로 형태를 지탱할 수 있는 힘이 있어야 하니 옷에다 골격이라는 말을 가져다 붙이는 것에 무리가 있을지도 모르겠다. 하지만 옷은 인간이 몸에 걸침으로써 스스로 진화하도록 해준 최초의 발명품에 해당한다.

옷은 체온을 조절함으로써 사람의 생명과 건강을 지켜준다. 햇볕에 피부가 상하는 것을 막고 땀을 흡수해 우리가 오랜 시간 노동하고 여행할 수 있도록 돕는다. 또한 예나 지금이나 옷을 입는 것은 자기 자신을 표현하는 가장 중요한 수단의 하나다.

본격적으로 외골격의 기능을 수행하기 시작한 최초의 옷은 갑옷이다. 초기의 갑옷은 나무나 금속과 같은 단단한 소재와 더불어 동물 가죽을 주로 활용해 제작되었다. 갑옷은 가시에 찔리기만 해도 상처를 입는 연약한 인간이 동물의 이빨과 발톱은 물론이고 적의 화살과 도끼까지 막아내게 해준다. 갑옷을 입은 상태로 칼을 휘두르거나 말을 타는 등 여러 가지 일을 할 수 있음은 물론이다.

내구성이 높으면서 신체의 움직임을 방해하지 않는 갑옷을 만들기 위해 인간은 여러 가지 기술을 개발했다. 오늘날 경복궁을 방문하면 전통 갑옷을 입은 채로 관람객을 맞이하는 장수를 볼 수 있다. 그가 걸친 것은 두정갑이라는 갑옷이다. 단단한 쇠로 몸을 보호하면서도 손발을 자유롭게 움직이도록 해주고 착용감 또한 뛰어나다.

사실 갑옷뿐만 아니라 방패, 창, 칼, 활, 말 등 모든 종류의 병기가 인류의 본격적인 외골격이라고 할 수 있다. 커다란 방패로 적의 타격을 막아내는 병사들이나 말에 올라탄 채 창과 검을 날카롭게 휘두르는 전사들은 자신의 신체가 말굽과 참나무 방패와 강철 검 끝으로 확장되는 느낌을 받았다.

처음에는 병기로 개발되었지만 전쟁 이외의 분야에 적용되어 인간이 새로운 환경에 적응하게끔 도와준 기술도 있다. 대표적인 것이 바로 스쿠버다이빙 장비다. 스쿠버다이빙 장비는 우리가 물속에서도 숨을 쉬고 자연스럽게 움직이도록

겉보기에 두정갑은 동글동글한 금속이 빼곡히 박힌 천으로 지은 갑옷처럼 보이지만 사실은 옷 안쪽에 철판을 덧대어 만들었다. 둥근 금속은 철판을 고정하는 리벳이다.

스쿠버다이빙 장비는 인간이 바다로 진출하도록 도와준 고마운 외골격이다.

해주는 도구다. 이는 늑대와 곰과 매와 사자가 보유하지 못한 놀라운 능력이다. 산소 탱크와 호흡 장치는 특정한 직업과 취미를 가진 사람들만 이용하는 장비라고 하더라도, 스위밍 핀(오리발)이나 마스크는 만인이 공통으로 활용할 수 있는 소박하고 놀라운 외골격이다. 인간에게 물은 매우 위협적인 환경이지만 간단한 스노클링 장비를 갖추는 것만으로도 우리는 바다에서 오랜 시간을 즐거이 보낼 수 있다.

20세기 초반에 개발된 스쿠버다이빙 장비는 여러 차례 개량을 거쳐 또 다른 놀라운 외골격을 낳기에 이르렀다. 바로 우주복이다. 바닷속에서 숨을 쉬고 체온을 유지하고 활동할 수 있게 해주는 장비로부터 우주 공간에서 숨을 쉬고 체온을 유지하고 활동할 수 있게 해주는 장비가 탄생하기까지 걸린 시간은 50년이 채 안 된다.

세계 최초의 우주복은 러시아의 우주 비행사 유리 가가린이 입었던 SK-1이다. SK는 '우주 잠수복'이라는 뜻의 러시아어 머리글자를 딴 것이다.

냉혹한 우주 환경에서 인간이 살아남기 위해서는 우주복에 몇 가지 필수 기능이 갖춰져 있어야 한다. 우선 진공 상태의 우주에서 인간이 숨을 쉴 수 있어야 하고, 체온을 조절할 수 있어야 하며, 압력을 유지할 수 있어야 한다. 이 세 가지 가운데 한 가지라도 제대로 기능하지 않으면 사람은 죽는다.

우주 공간에서 숨을 쉬게 해주는 기능은 압력을 조절하는 기능과 관련이 있다. 오늘날의 우주복은 주로 백팩에 산소를 저장하는데, 이 산소는 사람이 숨을 쉬는 데 쓰일 뿐만 아니라 우주복의 압력을 유지하는 데에도 쓰인다. 대부분의 사람은 산소를 흡입하지 못하게 되면 3분을 넘기지 못하고 죽는다. 또한 압력이 0인 진공에 맨몸으로 노출되면 온몸의 세포가 확장되어 비쩍 마른 사람도 드웨인 존슨처럼 부풀어 오른다. 만약 혈액에 질소가 남아 있는 상태라면 몸속 곳곳에서 질소가 기포로 변해 팽창하면서 신경계와 호흡기를 마비시킨다. 그러므로 우주복의 산소는 질식과 팽창이라는 두 가지 파국을 모두 막는 역할을 수행한다.

또한 우주에서 체온을 조절하는 기능은 생명 유지와 직결되어 있다. 영화 〈스타워즈 에피소드 8〉에서 레아 공주가 우주 공간에 튕겨 나가 얼어붙어 있다가 우주선으로 돌아와 해동되는 장면이나 〈어벤져스 인피니티 워〉에서 닥터 스트레인지를 고문하던 코르부스 글레이브가 우주로 빨려 나가 순식간에 얼어붙는 장면, 〈선샤인〉에서 우주복이 없는 승무원들이 우주선에서 우주선으로 뛰어 건너가기 위해 몸에 단열재를 친친 감지만 결국 짧은 점프를 이겨내지 못하고 얼어 죽어가는 장면, 〈러브, 데스, 로봇〉에서 우주선으로부터 튕겨 나간 우주 비행사가 한쪽 팔을 우주 공간에 노출시켜 얼린 다음 떼어내 던져 그 반작용으로 우주선으로 귀환하는 장면 등은 우주 공간에서 맨몸이 노출된다는 것에 대한 우리의 두려움을 자극하고 상상력을 부추긴다.

그러나 안타깝게도 앞서 소개한 모든 장면은 과학적 사실과는 무관한 생거짓말이다. 영화를 만드는 사람들은 실제로 그럴 리 없다는 점을 알고 있으면서도 관객에게 극적인 느낌을 전해주고자 이와 같은 장면들을 연출한다.

사람이 맨몸으로 차가운 수영장에 뛰어들면 순식간에 몸이 식는다. 물에 체온을 몽땅 빼앗기기 때문이다. 마찬가지로 혹한의 삭풍에 맨몸을 노출할 경우에도 몸이 빠르게 차가워진다. 북풍한설에 체온을 빼앗기기 때문이다. 여름철 날씨가 더울 때 죽부인을 안고 있거나 쿨매트 위에 누워 있으면 어느 정도 더위를 잊을 수 있는 것 또한 우리 몸의 열이 대나무와 쿨매트로 전도되는 까닭이다.

하지만 우주 공간에는 사람의 체온을 앗아갈 물도 없고 공기도 없고 죽부인과 쿨매트도 없다. 극미량의 성간물질을 제외하면 아무것도 없는 진공 상태의 우주 공간에서 열은 오로지 복사의 형태로만 발산된다. 태양이 지구를 향해 복사열을 내뿜는 것처럼 사람도 우주 공간에 맨몸으로 노출되면 작고 귀여운 복사체가 되어 복사열을 발산한다는 뜻이다.

열복사는 매우 더딘 과정이다. 보통 사람이 한 끼 식사를 한 다음 우주 공간에 맨몸으로 나간다면 자신의 몸이 만들어 내는 열량 때문에 더워서 견딜 수가 없게 된다. 인간의 몸이 얼마나 뜨거운지는 영화 〈매트릭스〉에서 기계들이 인간으로 배터리를 만들었던 것을 떠올려보면 쉽게 이해가 갈 것이다. 우리가 맨몸으로 우주 공간에 나갔을 때 맞닥뜨리게 될 결과는 동사가 아니라 질식과 더위로 인한 죽음이다.

오늘날의 우주복에는 총 길이 100미터에 이르는 가느다란 관이 빽빽이 들어차 있다. 이 관을 따라 물이 흐르며 우주인의 몸에서 강제로 체온을 빼앗아 간다. 우주 유영 시간은 백팩에 들어 있는 산소의 양뿐만 아니라 우주복을 흐르는 물의 양과도 관련이 있다. 우주복의 물이 우리가 한 끼 든든히 먹고 내뿜는 열을 흡수해 더 이상 체온을 조절하지 못할 정도로 달궈지면 선외활동을 중단하고 우주선으로 돌아와야 한다.

맨몸으로는 잠시도 살아 있을 수 없는 우주에서 우주복의 도움으로 유영을 하고 우주망원경을 수리하는 사람들의 모습을 보며 인간은 또 다른 꿈을 꾸게 되었다. 우리의 신체 능력을 한층 더 향상시켜줄 새로운 외골격에 대한 꿈이었다.

동력을 가진 외골격. 인간이 치타보다 빨리 달리게 해주고 고릴라보다 강한 힘을 발휘하게 해줄 웨어러블 로봇. 가슴에서 레이저를 쏘고 주먹으로 외계인을 때려잡는 일을 가능하게 해줄 아이언맨 슈트의 꿈.

웨어러블 로봇의 꿈

웨어러블 로봇 또는 동력형 외골격이라는 아이디어가 언제 처음 등장했는지 정확히 말하기는 어렵다. 하지만 이러한 개념을 대중의 뇌리에 강렬히 각인시킨 사람으로 미국의 SF 작가 로버트 하인라인을 꼽는 데 이의를 제기할 사람은 없을 것이다.

하인라인이 1959년에 발표한 소설 『스타십 트루퍼스』에는 '파워드 아머'라는 병기가 등장한다. 파워드 아머는 쉽게 말해 배터리로 가동되는 아이언맨 슈트인데, 따로 조종할 필요가 없다는 것이 장점이다. 파워드 아머를 착용한 군인이 몸을 움직이면 아머에 부착된 센서가 이를 감지해 아머 자체의 움직임으로 변환한다. 또한 제트팩이 장착되어 있어서 점프를 할 때와 착지를 할 때에 도움을 준다. 파워드 아머를 착용한 병사는 한 번의 도약으로 강을 뛰어넘고 고릴라와 같은 힘으로 적을 움켜쥘 수 있으며 거대한 핵병기를 들고도 자유롭게 기동하고 수십 킬로미터를 단시간에 주파할 수 있다.

『스타십 트루퍼스』는 하인라인 특유의 엘리트주의가 노골적으로 드러난 작품 가운데 하나이며 신종 군국주의라는 거북한 형태로 이를 포장했다는 비판을 받았다. 하지만 이 소설을 좋아하든 싫어하든, 소설이 전하는 메시지에 동의하든 동의하지 않든, 책을 읽은 독자들은 누구나 파워드 아머에 매혹되었다. 1997년 폴 버호벤 감독은 『스타십 트루퍼스』를 영화로 만드는 과정에서 당대의 기술력으로는 영상화하기 힘들다는 이유로 파워드 아머 관련 부분을 삭제해버렸는데, 소설에서 제일 중요한 부분을 쏙 빼고 군국주의만 부각시켰다며 큰 비난을 받았다.

당대인들을 매혹시킨 파워드 아머와 같은 웨어러블 로봇은 현실에서 구현하기 어려운 기술이었다. 제트팩을 어떻게 만들지도 막막하고 센서 기술 발전이 더디다는 것도 문제였지만, 무

아이언맨 슈트의 변천사는 웨어러블 로봇의 동력원에 대한
대중의 갈망이 어떻게 변화했는지를 잘 보여준다.

엇보다 인간에게 짐승 같은 힘과 민첩성과 지구력을 제공해줄 배터리 기술의 부재가 큰 걸림돌이었다. 배터리 기술은 상대적으로 발전 속도가 더뎠기에 20세기 중반까지만 해도 커다랗고 투박하며 축전량도 적은 납-산 배터리를 활용하는 게 고작이었다. 그러나 사람들의 마음속에는 막강한 동력원이 부각되는 형태의 웨어러블 로봇에 대한 꿈이 있었다.

2010년대에 영화로 제작되어 최고의 인기를 구가한 마블의 〈아이언맨〉 시리즈를 보면 웨어러블 로봇의 동력원에 대해 사람들이 느끼는 답답함이 잘 드러나 있다. 1963년에 코믹스로 처음 선보인 아이언맨은 전선을 연결해 배터리를 충전하거나 태양광 발전으로 가동된다는 설정에 바탕하고 있었다. 이러한 '태양광 아이언맨'은 1980년대 후반까지 명맥을 이어나갔으며, 나중에 가서는 작은 핵 발전기 또는 핵 배터리를 이용한다는 설정이 덧붙었다. 그리고 2008년 처음 스크린에 모습을 드러낸 아이언맨 슈트는 이제 아크 원자로를 이용해 작동하게 되었다.

1970년대에 쏟아져 나온 일본의 로봇 애니메이션들도 웨어러블 로봇에 대한 꿈을 펼쳐 보였다. 공학적으로 따져보았을 때 인간형 로봇을 만드는 것은 너무 비효율적인 일일뿐더러 성능도 떨어지게 마련이다. 하지만 일본 애니메이션에 등장하는 로봇은 로봇이라기보다 사실 파일럿의 인격과 의지를 반영하는 동력형 외골격이라고 보아야 한다. 외골격은 우리의 자아를 확장하는 도구다. 조종하는 사람이 로봇을 자신의 몸과 같이 느낄 수 있어야 하며, 시청자가 파일럿과 기체를 동일한 존재로 취급할 수 있어야 한다. 그러니 애니메이션에 나오는 로봇이 인간의 형상을 취하는 것은 어찌 보면 당연한 일이다.

이를테면 건담은 단순한 로봇이 아니라 '우주 사무라이'라는 해괴한 경지로 자아를 확장하고자 하는 일본인들의 내적 욕망의 표현이다. 그러므로 건담은 반드시 인간과 똑같은 관절 구조를 지녀야 하며, 옆을 보기 위해서는 눈알이나 고개를 돌리고, 적을 만나면 발로 차며, 업어치기 기술로 상대편 로봇을 땅에 메다꽂을 수 있어야 한다. 일본의 로봇 애니메이션에서 온전한 사

<퍼시픽 림>이 내세운 표어는 이러했다. "커지거나 멸종하거나(Go Big or Go Extinct)."

람의 형태가 아닌 동물의 형태나 기하학적 형태를 띠는 로봇은 모조리 악당으로 취급받는다는 사실 또한 우리에게 시사하는 바가 크다.

2013년 처음 제작된 〈퍼시픽 림〉 시리즈는 자체 동력원을 지닌 대형 외골격을 다루고 있다. 여기 나오는 로봇은 그야말로 초거대 로봇이다. 이들은 미사일을 쏘고 총알도 날리지만 기본적으로는 격투기와 철퇴와 검으로 육탄전을 벌인다. 나 혼자만의 자아를 확장시키는 것은 시시했던 모양인지, 두 사람의 자아가 하나가 되어야 이 거대한 로봇을 '입을' 수 있다. 그리고 지상에 군림하는 신으로서, 뛰기만 해도 빌딩과 다리를 무너뜨리고 수많은 생명을 좌지우지할 수 있는 존재가 되어 살아갈 수 있다.

이처럼 자체 동력원을 갖춘 거대 로봇에 대한 상상은 넘쳐났지만 배터리 기술의 한계라는 벽에 부딪혀 원점으로 돌아오길 되풀이할 수밖에 없었다. 결국 열쇠는 배터리 기술인 것이다.

오늘날 웨어러블 로봇이 큰 주목을 받게 된 것 또한 배터리 기술의 진화 덕분이다. 리튬-이온 배터리가 상용화되고 여기에 첨단 제어 기술이 결합됨에 따라 2000년대부터 웨어러블 로봇 연구가 활기를 띠기 시작했다.

2010년대 들어서는 의료 분야에서 시제품이 등장했다. 이때 등장한 웨어러블 로봇들은 주로 하반신의 움직임을 보조하는 데 주안점을 두어 제작되었다. 작은 가방 크기의 배터리를 허벅지와 허리와 등에 부착함으로써 동력을 공급하며, 최근에는 네트워크 기능이 강화되어 스마트폰이나 아마존 에코와 연동되는 방식이 보편적이다.

걸음을 돌려주다

인류 최초의 웨어러블 로봇이 무릎 수술을 한 사람들의 재활을 돕고 하반신 마비가 온 사람들을 걷게 하고 고령자에게 도움을 주는 기구들이었다는 점에 주목할 필요가 있다. 이는 두 가지 의미를 갖는다. 첫째, 웨어러블 로봇은 의료 분야에서 거대한 변화를 불러일으킬 것이다. 둘째, 웨어러블 로봇이 군사용으로 개발되기에 앞서 의료용으로 개발되었다는 것은 인류의 기술 개발 양상에 중대한 변화가 일어났음을 뜻한다.

웨어러블 로봇이 의료 분야에서 갖는 함의는 거대하다. 웨어러블 로봇 덕분에 원래라면 불가능할 치료가 가능해지고 하반신 마비가 풀리는 것은 아니다. 그 대신 웨어러블 로봇은 걸음이 불편하거나 걸을 수 없는 사람들의 간절한 소망을 들어줄 수 있다. 다른 사람들처럼 사는 것, 다른 사람들과 눈높이를 맞추며 사는 것 말이다. 웨어러블 로봇은 걷지 못하는 사람들이 느끼는 스트레스를 덜어주고 손상된 자존감을 향상시켜줄 수 있다.

장애를 가진 사람들의 소망은 특별 취급을 받는 게 아니라 남들과 똑같이 사는 것이다. 집에 모셔져 소중하게 보살핌을 받거나 애물단지 취급을 받기보다는 직장을 갖고 일을 하면서 평범하게 삶을 영위하는 것이야말로 이들이 바라는 바다.

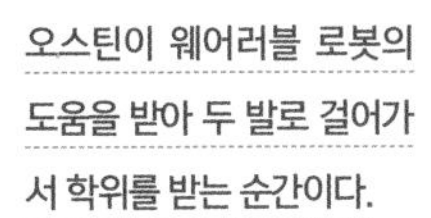

오스틴이 웨어러블 로봇의 도움을 받아 두 발로 걸어가서 학위를 받는 순간이다.

횡단보도를 건너고 지하철도 타고 다른 사람들과 어울려 살아가고자 하는 이들의 소망을 충족시키기 위해 개발된 장비로 스탠딩 휠체어를 들 수 있다. 스탠딩 휠체어는 장애를 가진 사람이 다른 사람들과 얼굴을 마주하며 대화를 나누고 상호작용을 할 수 있도록 사용자의 몸을 세워주는 휠체어다. 요즘 개발되는 웨어러블 로봇의 프로토 타입이라고 할 수 있다. 사용자의 몸을 일으켜 똑바로 세워주기 때문에 혈액순환에도 도움이 되고 신진대사를 원활하게 만드는 효과가 있다. 또한 사용자는 다른 이들과 눈높이를 맞출 수 있으므로 자존감이 높아지고 대인관계에서 스트레스를 덜 받게 된다.

스탠딩 휠체어의 등장 이후로 개발된 최근의 웨어러블 로봇들은 장애를 지닌 사람이 실제로 걸음을 걸을 수 있도록 함으로써 사용자의 정서적 삶에 지대한 영향을 미친다. 웨어러블 로봇 연구의 선구자인 UC 버클리의 호마윤 카제루니 교수는 이 점에 주목해 연구 활동을 이어온 인물이다. 그에게는 보행용 웨어러블 로봇의 초기 모델을 연구할 때 파일럿으로 참가했던 오스틴이라는 제자가 있었다. 2011년 카제루니는 오스틴이 졸업식에서 두 발로 일어서서 직접 학위를 받을 수 있도록 도왔다. 작지만 의미 있는 일들이 사람의 인생을 바꿀 수 있으며, 기술은 이런 작은 변화를 만들어 내는 데 쓰여야 한다는 생각에서였다.

오늘날 미국, 캐나다, 스위스, 스페인, 일본, 그리고 우리나라의 여러 회사에서 보행 보조용 웨어러블 로봇을 개발하고 있

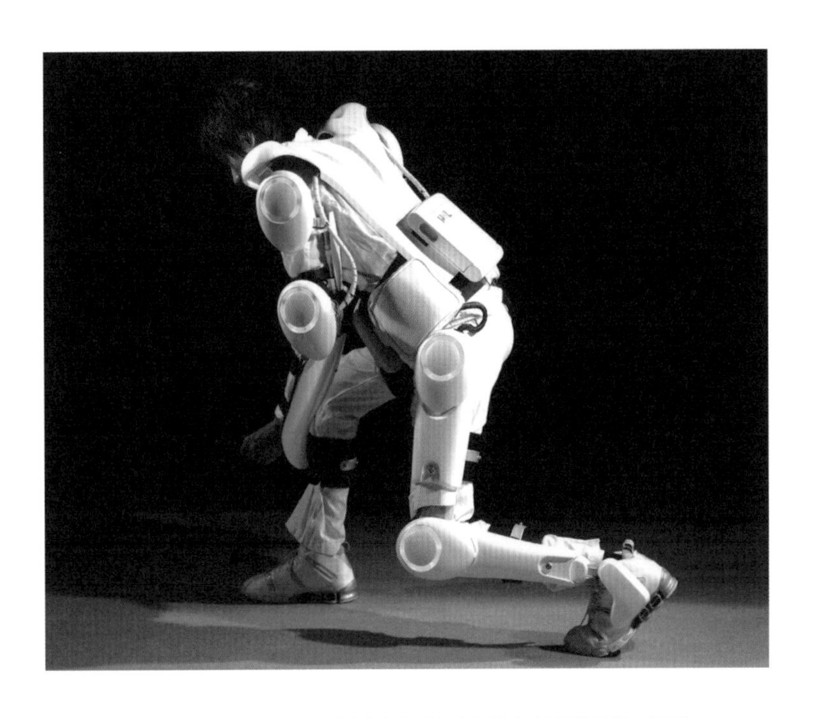

일본 사이버다인의 동력형 전신 웨어러블 로봇 HAL. 참고로 영화 <터미네이터>에 등장하는 스카이넷을 개발한 회사 이름이 사이버다인이고, 영화 <2001 스페이스 오디세이>에 등장하는 인공지능의 이름이 HAL 9000이다. 영화에 나온 HAL은 Heuristically Programmed ALgorithmic Computer의 약자이고, 사이버다인의 HAL은 Hybrid of Assistive Limb의 약자다.

다. 기술이 발전하고 가격이 저렴해지면 다른 이들처럼 평범하게 걷고자 하는 장애인들과 환자들과 고령자들이 이를 구매하려 들지 않을 이유가 없다.

현재 개발되어 시판 중인 다양한 동력형 하반신 웨어러블 로봇 가운데 유명한 제품으로 미국의 엑소 바이오닉스에서 만든 엑소헬스와 엑소웍스, 이스라엘 리워크 로보틱스의 리워크와 리스토어, 스페인 고고아 모빌리티 로봇의 HANK, 일본의 사이버다인에서 개발한 HAL을 꼽을 수 있다. 이 중에서 사이버다인의 HAL은 본격적인 전신 동력형 웨어러블 로봇으로 많은 사람들의 주목을 받았다.

이어서 우리는 웨어러블 로봇이 군사용으로 개발되기에 앞서 의료용으로 개발되었다는 사실을 곱씹어보아야 한다. 이는 인류 문명의 진화에 있어서 중요한 의미를 갖는다. 지금까지 인류의 기술 개발 역사는 많은 경우 그와 반대되는 순서를 따라왔기 때문이다.

숱한 의학 기술들이 먼저 군사 목적으로 개발된 뒤에 일반적으로 상용화되었다. 일제의 731 부대에 소속된 의사들이 중국인과 한국인을 대상으로 마취 없이 수술을 하는 연습을 한 것도 야전에서 부상당한 군인을 수술하는 기술을 개발하기 위함이었다. 731 부대의 의사들은 멀쩡한 사람들을 대상으로 전염병 균과 화학무기의 효과를 실험했고, 동상 및 화상 등 전장에서 벌어질 수 있는 각종 상황을 재현했다.

731부대에서 일어난 일은 나치 수용소에서도 있었다. 2차 세계대전 당시 독일 공군에는 전투기 조종사들에게 유용한 여러 가지 약물을 만드는 전담 부서가 있었다. 이 부서의 연구자들은 나치 수용소에서 멀쩡한 유대인, 집시, 폴란드인을 데려다가

공중에서 벌어질 수 있는 다양한 극한 상황(끔찍한 추위, 엄청난 가속도, 물리적 충격 등)을 겪게 하며 각종 약물을 투여하는 실험을 했다. 강제로 실험에 동원된 사람들은 대부분 이루 말할 수 없는 고통을 겪다가 사망에 이르렀다.

독일 공군의 약물 개발 부서에 후베르투스 슈트루크홀트라는 생리학자가 있었다. 이 사람은 2차 세계대전이 끝난 후 미국으로 건너와 NASA에 자리를 잡았다. 나치 과학자들과 의사들을 들여와 그들의 지식을 적극적으로 활용하기로 한 미국의 '페이퍼클립 작전'에 따른 결과였다. 슈트루크홀트는 NASA에서 우주 비행사를 위한 약물 연구를 진행해 이 분야의 개척자이자 거장으로 인정받았다. 그는 우주 생리학 연구와 우주 약리학 연구의 아버지로 불렸으며 슈트루크홀트의 이름을 딴 상이 제정되기도 했다.

슈트루크홀트는 전쟁범죄 혐의로 몇 차례 조사를 받았으나 본인의 철저한 부인과 증거 부족으로 매번 법의 심판을 피해갔다. 훗날 그가 나치의 생체 실험과 연관되었음을 밝히는 기밀문서의 보안이 해제되어 대중이 그의 만행을 정확히 알게 된 것은 이미 슈트루크홀트가 온갖 영예를 누리고 세상을 떠난 후였다.

우리가 군사 목적으로 개발해서 일상에 적용해 쓰고 있는 기술은 비단 의학 기술이나 약물에 국한되지 않는다. 군용 레이더 기술로 출발해 전 세계 가정에서 사용하는 전자레인지의 핵심 기술이 된 자전관(마그네트론)이 대표적인 사례다.

군사용 기술을 개발하는 과정은 일제의 731 부대나 나치 공군의 약물 연구처럼 비윤리적으로 치닫기 쉽다. 적과 싸워 이겨야 한다, 우리 군인들의 목숨을 구해야 한다는 식으로 윤리 의식을 흐트러뜨릴 핑곗거리가 늘어나기 때문이다. 또한 개중에 약삭빠른 이들은 그러한 상황을 자신의 지식욕과 명예욕을 추구하는 데 이용하기도 한다.

이런 이유로 우리 주변의 많은 기술들이 우리로 하여금 자괴감을 느끼게 만들곤 한다. 베트남전 당시 고엽제와 네이팜탄을 만들어 배를 불린 회사들의 화학 제품, 제국주의가 판을 치던 시절 징용과 수탈로 몸집을 키운 회사들의 중공업 제품, 무수한 실험동물들의 고통과 바꾼 문명의 이기 등을 접할 때면 나도 모르게 마음이 불편해질 때가 있다.

하지만 웨어러블 로봇은 파워드 아머라는 병기의 형태로 처음 아이디어가 제시되었음에도 불구하고 오늘날에는 힘든 사람, 아픈 사람, 절실한 소망을 가진 사람을 돕기 위해 개발되고 있다. 의료용 웨어러블 로봇 개발이 무엇보다 우선시되고 있으며, 그다음으로 활용 방안을 강구하고 있는 분야가 군사 및 산업 부문이다. 웨어러블 로봇은 인간이 좋은 의도를 가지고 좋은 과정을 거쳐 기술을 개발하고, 그 기술이 좋은 결과를 낳도록 보살필 줄 아는 존재라는 사실을 잘 보여주는 기술이다.

천리행군의 외골격

의료용 웨어러블 로봇 개발이 많은 사람들의 공감을 사고 있는 것은 사실이지만, 그런 한편 인류가 군사용 웨어러블 로봇에 눈독을 들이지 않을 리가 없다.

대부분의 사람은 군인으로 적합하지 않다. 전쟁에도 적합하지 않다. 예로부터 전쟁에서 병사들이 수행해온 여러 가지 임무 가운데 가장 중요한 것은 머릿수 채우기와 총알받이다. 이 때문에 동서고금을 막론하고 강한 육체적 능력을 지닌 전사와 군인의 이야기는 인구에 회자되며 널리 숭상받는 경향이 있다. 헥토르를 쓰러뜨린 아킬레우스와 82근짜리 청룡언월도를 가볍게 휘둘렀다는 관우 등이 좋은 예다.

네팔에서는 뛰어난 신체 능력을 중요한 미덕 가운데 하나로 여긴다. 네팔인의 초인성을 상징한다 하여 오랫동안 입에서 입으로 전해온 단어가 둘 있다. 하나는 셰르파고 다른 하나는 구르카다. 셰르파와 구르카는 서로 다른 일을 하는 두 집단을 일컫는 말이지만 양쪽 모두 히말라야 고산이 키워 낸 초인들이라는 점에서는 유사하다.

셰르파는 에베레스트의 안내자이자 세계에서 가장 높은 고도에서 활동하는 민족의 이름이며 그들이 종사하는 직업을 가리키는 말이다. 셰르파는 일반인이라면 단숨에 고산병에 걸릴 해발 7000~8000미터 높이에서도 무거운 짐을 지고 산을 오를 수 있다. 이들은 지난 백 년간 히말라야의 8000미터급 영봉을 수없이 오르내리며 전 세계의 산악인들을 에베레스트 정상으로 안내했다.

한편 구르카는 네팔인 전사를 뜻한다. 과거 네팔이 고르카 왕국이었을 무렵, 이웃 나라 인도를 지배하던 영국인 제국주의자들은 네팔인 전사들을 데려다 용병으로 기용했다. 네팔에서 온 전사들은 영국인이나 인도인 병사들보다 더 무거운 군장을 짊어진 채로 더 빠르게 더 오래 행군할 수 있었다. 구르카들이 전장에서 보여주는 반응속도와 운동 능력도 인상적이었다.

오늘날에도 구르카 선발 시험은 세계의 어떤 군사훈련보다 가혹한 것으로 유명하다. 무거운 군장을 지고 산을 오르내리는 시험 과정에서 어깨가 부러지고 허리가 고장 나도 지원자들은 오직 구르카만 받을 수 있는 전설의 단검 쿠크리를 향한 도전을 포기하지 않는다.

미국의 군산복합체 록히드 마틴이 개발 중인 ONYX

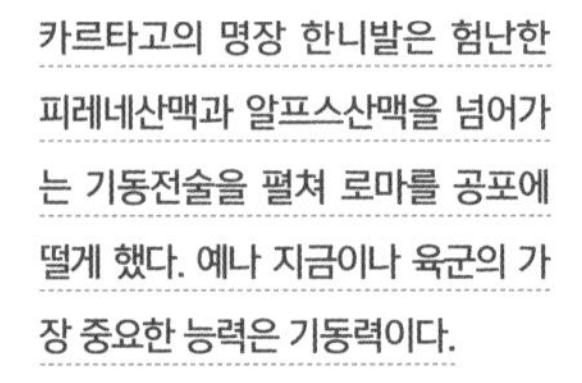

카르타고의 명장 한니발은 험난한 피레네산맥과 알프스산맥을 넘어가는 기동전술을 펼쳐 로마를 공포에 떨게 했다. 예나 지금이나 육군의 가장 중요한 능력은 기동력이다.

는 셰르파와 구르카, 아킬레우스와 관우를 뛰어넘는 군인을 만들어 내기 위한 웨어러블 로봇이다. 군사용 슈트라면 당연히 상반신과 하반신을 모두 보조해야 하겠지만 ONYX는 하반신만을 보조한다. 아직까지 군인이 전신 웨어러블 로봇을 착용하고 장시간에 걸친 작전을 수행할 수 있을 만큼 배터리 기술이 발전하지 않았기 때문이다.

만약 상반신 또는 하반신에만 적용되는 군용 로봇 슈트를 만들어야 한다면 당연히 하반신 외골격을 선택해야 한다. 보병의 힘은 기동성에서 나온다. 손자를 비롯한 옛 아시아의 군사 이론가들이 하나같이 신출귀몰한 군대의 움직임을 강조하고 클라우제비츠나 리델 하트와 같은 유럽의 군사학자들도 행군과 기동성을 육군의 핵심으로 간주한 데에는 그럴 만한 이유가 있다.

2차 세계대전 때 개발된 독일군의 전격전도 강력한 공군력과 기갑부대를 활용한 기동전술이었다. 당시 전격전에 투입된 독일군 병사들은 마약인 메스암페타민을 복용하기도 했다. 우리나라에서는 보통 필로폰이라고 불리는 메스암페타민은 중독성이 강한 각성제로, 이를 복용한 병사들은 장시간 동안의 가혹한 행군을 견뎌낼 수 있었다. 미국인들이 슈퍼 솔저 세럼을 맞고 캡틴 아메리카가 되는 꿈을 꿀 때, 당대 의약 산업이 가장 발전한 독일에서는 이미 병사들을 마약 중독자로 만듦으로써 기동력을 높이고 있었던 것이다.

보병의 기동력이 갖는 중요성은 최첨단 전투기와 전차와

함선이 전장을 지배하는 오늘날에 접어들어서도 바뀌지 않았다. 현대전은 1차 세계대전이나 2차 세계대전처럼 수십만 명의 군인들이 전선을 이루어 서로가 보유한 화력을 총동원해 상대에게 퍼붓는 것과는 거리가 멀다. 이런 식으로 전면전을 벌일 만한 나라들은 이제 더 이상 서로 싸우지 않는다.

미국 드라마 <브레이킹 배드>에서 메스암페타민을 제조하는 화학 선생님을 연기한 브라이언 크랜스톤. 여기서 그는 독일인 과학자 이름에서 따온 '닥터 하이젠버그'라는 가명을 사용하는데, 이는 2차 세계대전 당시의 독일군과 메스암페타민의 관계를 반영한 것이다.

20세기 후반 이후의 전쟁은 대부분 게릴라전의 형태를 띤다. 전쟁의 양상이 변화함에 따라 군인들은 베트남 정글과 아프가니스탄 산악 지대로 걸어 들어가 싸우기 시작했고, 적진인지 아닌지 알 수 없는 낯선 도시를 누비며 이 집 저 집 문을 두드려야 했다. 영화 〈블랙호크 다운〉에서 도시 한복판에 고립된 미군 병사들이 헬리콥터로 탈출할 수도 없고 험비를 타고 빠져나갈 수도 없게 되자 결국 달려서 사막을 건너는 쪽을 선택했던 것

군사용 웨어러블 로봇은 미래의
슈퍼 솔저를 완성할 기술 가운데 하나다.

을 떠올려보자.

오늘날의 전쟁은 과거에 비해 더 가혹한 조건 아래 훨씬 험한 지형을 걸어 다니며 치러야 한다. 이러한 현실을 바탕으로 군용 웨어러블 로봇의 필요성이 대두되고 있다. 현재 개발 중인 군용 로봇 슈트는 군인의 행군과 기동을 돕는 것에 초점을 맞추고 있다. 하반신 보조 기능을 갖추는 것만으로도 군인의 전투 능력을 크게 향상시킬 수 있다.

만약 ONYX와 같은 군사용 하반신 웨어러블 로봇이 상용화된다면 우리나라 특전사에서 하는 천리행군이 이천리행군이 되고 보병 부대에서 가끔 실시하는 40킬로미터 행군이 100킬로미터 행군이 될지도 모른다. 대한민국의 안보를 생각한다면 희소식이겠지만 현역 군인들에게는 비보라 하겠다.

철의 노동자

마지막으로 근래에 들어 활발한 연구 개발이 이루어지고 있는 분야 한 곳을 소개하겠다. 이는 다름 아닌 산업 현장 근로자를 위한 작업용 웨어러블 로봇이다.

최근 현대자동차에서 개발한 VEX[Vest EXoskeleton]는 자동차 공장 근로자의 작업 지원을 위한 웨어러블 로봇이다. 자동차 공장 근로자는 작업 특성상 고개를 뒤로 젖히고 있는 시간이 길다. VEX는 고개를 젖힌 채로 작업하는 근로자의 목과 허리와 무릎을 보호하고 근력을 보조한다. 앞으로도 근로자의 건강을 보호하고 작업 능률을 올리는 효과를 기대할 수 있을 듯하다.

세계 각국의 대기업들은 저마다 자기 회사의 근로자들을 보조할 목적으로 웨어러블 로봇 개발에 힘쓰고 있다. 근력을 많이 필요로 하는 근로 환경에서는 영화 〈에일리언 2〉에서 리플리가 사용했던 것 같은 로더 타입이 유용하게 쓰일 테고, 유독한 환경이나 고온고압의 환경에서는 아예 원격으로 조종 가능한 드론 로봇을 사용하는 편이 바람직할 수 있다. 공장에서 쓰는 작업용 웨어러블 로봇은 언제든 충전을 할 수 있기에 배터리 걱정 없이 효율적으로 오래 사용할 수 있다는 장점이 있다.

또한 NASA와 같은 우주개발 기구에서는 우주인이 활용할 수 있는 웨어러블 로봇을 개발하고 있다. 우주복을 입은 채로 활동하는 것은 우리 생각보다 훨씬 힘든 일이다. 앞서 살펴보았듯

강아지도 사람 얼굴을 오래 올려다보면 목 디스크에 걸린다는데 하물며 뻣뻣하기로 악명 높은 인간의 목은 이러한 상황에 매우 취약하다.

이 우주복은 사용자의 생명을 유지하고 다양한 활동을 보장하기 위해 수많은 기능을 갖추고 있다. 보다 많은 기능이 더해질수록 우주복은 더 크고 무거워질 수밖에 없다.

아서 클라크의 SF 소설 『신의 망치』(1993)에서 주인공인 로버트 싱은 달에서 처음 열리는 월면 마라톤 대회에 선수로 참가한다. 싱은 획기적인 우주복을 이용해 대회의 우승을 거머쥘 생각이다.

지금까지 우주복이란 부피가 커서 기동성을 제한하는 물건이었다. 입는 사람에게도 너무 무거워서 출발하려면 힘을 써야 했고, 때로는 멈출 때도 비슷하게 힘이 들어갔다.

그러나 이 우주복은 아주 달랐다.

싱은 경기 전에 어쩔 수 없이 한 인터뷰에서 비밀을 드러내지 않으면서 그 차이점을 설명하려고 노력했다.

"어떻게 그렇게 가볍게 만들었냐고요?" 싱은 첫 번째 질문에 대답했다. "어, 낮에 쓰려고 설계한 게 아니거든요."

"그게 무슨 상관인 거죠?"

"그러면 열 폐기 장치가 필요 없어요. 낮에는 태양에서 1킬로와트 이상을 받거든요. 그래서 밤에 경주하는 겁니다."

경기에 참가한 싱은 최선을 다한 끝에 1위로 결승점을 눈앞에 두지만, 마지막 순간에 초인적인 능력을 선보인 다른 선수에게 우승을 빼앗기고 만다. 좌절한 싱에게 주최 측의 메시지가 전달된다. 마지막에 싱을 앞지른 상대는 사실 로봇이었기 때문에 인간 중에서는 싱이 1등이라는 것이다.

이처럼 우주복을 입고 달이나 화성에서 활동하는 일은 결코 쉽지 않다. 그래서 기술자들은 우주복 안에 받쳐 입을 수 있는 웨어러블 로봇을 개발하고 있다. 우주인의 근력을 보조함으로써 무거운 우주복을 입은 채로 보다 자연스럽게 움직이고 무거운 물건도 척척 들어 올릴 수 있게 하기 위함이다. 이는 우주인의 임무 수행을 원활하게 할 뿐만 아니라 위급 상황에서는 목숨을 구해줄 수도 있는 기술이다.

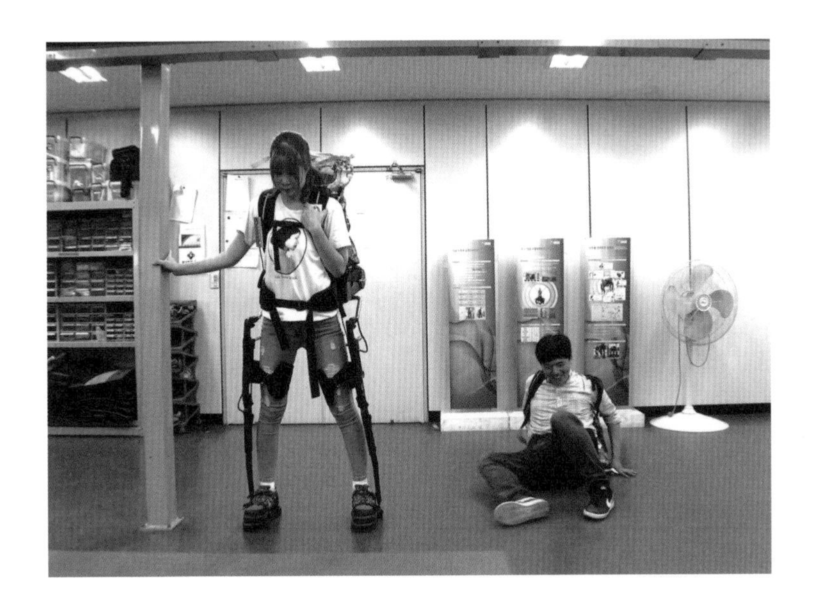

몸무게 47킬로그램인 여성이 웨어러블 로봇을 착용한 채 몸무게 73킬로그램인 남성과 쌀자루 스쿼트 대결을 펼쳤다. 20킬로그램짜리 쌀자루를 등에 짊어지고 스쿼트를 했는데, 남성은 10회 만에 바닥에 쓰러졌지만 여성은 그 후로도 한참을 계속 해나갔다.

인간이 달에 발길을 끊은 지도 어언 50년이 다 되어가는 오늘날 이런 웨어러블 로봇 기술은 언뜻 아무런 쓸모가 없어 보일지도 모른다. 하지만 달 개척에 대한 인류의 열망이 여전히 타오르고 있는 이상 언젠가 우리는 다시 달에 갈 테고, 그때는 우주복 안에 웨어러블 로봇을 받쳐 입고 있을 것이다.

잘 만들었으니 잘 발전시키자

웨어러블 로봇은 미래가 창창한 기술이다. 다방면에서 기술 발전을 보이고 있고 응용 분야 또한 갈수록 넓어지고 있다.

영국의 섀도 로봇에서는 '섀도 핸드'라는 로봇 팔을 개발했다. 섀도 핸드의 특징은 20개의 공압 근육을 사용한다는 것이다. 공압 인공 근육은 20세기에 개발된 기술로서 고무를 비롯한 각종 재질로 만든 튜브를 공기 압력을 이용해 수축시켰다 이완시켰다 하며 실제 근육의 움직임을 모사한다. 이 기술은 정교한 로봇 팔을 제작하는 일뿐만 아니라 웨어러블 로봇의 관절부 움직임을 구현하는 데에도 쓰이고 있다.

로봇 제어와 관련한 연구 또한 계속되고 있다. 미국의 MIT에서는 〈퍼시픽 림〉에 나오는 것처럼 뇌신경계의 신호를 이용해 외골격을 움직이는 기술을 개발 중이다. 우리가 팔에 신경 신호를 보내고 이 팔의 움직임을 로봇이 감지해 작동하도록 한다면 조종하는 입장에서는 아무래도 미세한 시차를 느낄 수밖에 없다. 만약 웨어러블 로봇이 인간 근육의 움직임이 아니라 신경 신호를 바로 감지해 작동한다면 사용자가 별다른 위화감 없이 자신의 신체 일부처럼 이를 사용할 수 있을 것이다.

어떤 소재로 웨어러블 로봇을 만들 것인가 하는 문제는 가장 어려운 숙제 가운데 하나다. 강철로 외골격을 만드는 건 어떨까? 일단 정말 튼튼하리라는 점에는 의문의 여지가 없다. 강철은 어디에서나 구하기 쉬운 소재이므로 가격도 저렴하다. 착용한 사람이 진짜 아이언맨이 된 듯한 기분을 맛볼 수도 있다는 건 덤이다. 하지만 강철은 무겁고 에너지를 많이 소모한다는 단점이 있기에 웨어러블 로봇의 소재로 적합하지 않다.

강철보다 가벼운 금속은 에너지 효율이 높을 수는 있지만 충분히 튼튼하지 않다. 아이언맨이 알루미늄맨이 아니라 아이언맨인 데에는 다 그럴 만한 이유가 있는 법이다. 굳이 타노스나

새도 핸드는 공압 인공 근육을 이용해
사람 손의 정교한 움직임을 구현한다.

헐크를 소환하지 않더라도 누구나 손아귀 힘만으로 빈 콜라 캔을 찌그러뜨릴 수 있다는 사실을 떠올려보자.

탄소섬유와 같은 첨단 소재는 가볍고 튼튼하기에 웨어러블 로봇이 갖추어야 할 모든 요건을 충족했다고 볼 수 있지만 값이 너무 비싼 게 흠이다. 어쩌면 미래 사회에서는 착장하고 다니는 웨어러블 로봇의 재질이 신분을 구분하는 새로운 기준이 될지도 모른다. "그 녀석, 강철 웨어러블을 두르고 세 시간마다 한 번씩 배터리가 떨어져 충전해야 하는 주제에 돈은 뭐 그리 펑펑 쓰는지 몰라"라는 험담을 뒤에서 주고받을 수도 있다.

결국 웨어러블 로봇의 상용화 문제는 돌고 돌아 배터리로 귀결된다. 자동차에 다는 것이 아니라 사람이 지고 다니는 것이므로 웨어러블 로봇의 배터리는 가벼워야 한다. 또한 일상적인 활동을 할 때 쓰는 것이므로 배터리가 오래가야 한다. 이 두 가지 조건을 충족하는 배터리는 아직까지 등장하지 않았다. 하지만 앞으로 10년 안에 획기적인 배터리 기술이 출현하지 말라는 법은 없다. 로버트 하인라인이 트랜지스터의 출현을 예상하지 못했던 것처럼 우리는 10년 뒤의 배터리 기술에 대해 예단할 수 없다.

웨어러블 로봇은 우리로 하여금 인간의 생물학적 본질을 유지하면서 외연을 확장시키도록 해주는 기술이다. 우리는 신체 변형이나 유전자 조작에 대해서는 큰 거부감을 품고 있지만 웨어러블 로봇에 대해서는 긍정적인 기대감을 가지고 있다.

물론 웨어러블 로봇이 초래할 당혹스러운 변화들도 있을 것이다. 사람은 기술에 빠르게 적응한다. 때로는 적응하는 속도가 너무 빨라서 중독으로 보일 정도다. 이를테면 우리나라에 비데가 처음 도입되던 무렵 어떤 예방의학 선생님은 수업 시간에 "난 이제 비데 안 쓰는 사람하고는 더러워서 악수를 하고 싶지가 않아요"라며 비데를 예찬한 적이 있다. 스마트폰이 갓 나왔을 당시만 해도 사람들이 스마트폰을 들여다보면서 걷느라 계단에서 넘어지거나 다른 사람을 정면으로 들이받는 일이 빈번하게 일어나리라고는 생각지 못했다. 쓸모 있는 신기술이 보급되면 순식간에 그 기술이 없는 일상을 상상할 수 없는 세상이 되어버린다.

웨어러블 로봇도 인간이 하루 중 많은 시간을 의지할 만한 기술이다. 당장 작업용 로봇 슈트가 근로 현장에 도입된다면 근로자들은 오히려 로봇 슈트를 벗고 지내는 시간을 어색해할 수도 있다. 〈아이언맨 3〉에서 토니 스타크는 슈트를 빼앗겼을 때 정체성의 혼란을 느낀다. 그가 내뱉었듯 "내가 아이언맨인가 슈트가 아이언맨인가?"라는 고민을 누구나가 하게 될 수도 있다.

또한 지금은 우리가 선량한 의도로 웨어러블 로봇을 개발하고 있다 해도 인간은 어떤 기술이든 오용, 남용, 악용할 수 있는 존재임을 잊어서는 안 된다. 이와 관련해 두 가지 이야기를 하고 싶다.

첫 번째 이야기는 다이달로스 플라이트 팩에 관한 것이다. 다이달로스 플라이트 팩은 영국의 발명가인 리처드 브라우닝이 개발해 2017년 처음 공개한 제트팩이다. 이는 앞서 소개한 『스타십 트루퍼스』나 코믹스 〈로켓티어〉 시리즈로부터 비롯된 아이디어에 바탕한 것으로, 제트엔진을 이용하는 웨어러블 로봇이다.

기존의 제트팩은 등에 제트엔진을 장착하는 형태였지만 다이달로스 팩은 팔에도 소형 제트엔진을 장착하도록 한 것이 특징이다. 〈아이언맨〉에서 차용해온 디자인으로, 착용자가 양팔을 이용해 보다 자유로운 움직임을 구현하도록 하는 데 초점을 맞추었다. 공중에 3~4미터가량 떠서 10분 정도 비행하는 용도로 개발되었으며, 조난자 구조 등 위급 상황에 요긴하게 쓰일 기술로 많은 주목을 받고 있다.

그런데 최근 들어 이 다이달로스 팩을 착용한 것으로 추정되는 광인들이 세계 각지의 공항 주변에서 눈에 띄고 있다. 낮은 고도로 잠시 날 수 있게끔 만든 물건을 이용해 공항에서 이착륙하는 비행기들에 위협이 될 정도로 날아올라 스릴을 만끽하려는 미치광이들이다. 2단계 자율주행차에 탄 채로 술잔치를 벌이는 사람들과 비슷하다.

신기술을 누리는 데에 신이 나서 기술의 한계를 무릅쓰고 무조건 더 높이 날아오르려 하는 사람들에게 들려주고 싶은 이야기가 있다. 원래 다이달로스 플라이트 팩이라는 이름은 그리스 신화에 나오는 다이달로스의 이름에서 따온 것이다. 그는 뛰어난 건축가이자 기술자였는데 아들과 더불어 미노스 왕의 미궁을 만들었다고 한다. 다이달로스 부자가 미궁을 완성하자 미노스 왕은 미궁의 비밀을 지키기 위해 두 사람을 가두어버린다. 이에 다이달로스는 깃털과 밀랍으로 날개를 만들어 하늘로 날아올라 미노스 왕의 손아귀에서 벗어난다. 하지만 현명하지 못한 다이달로스의 아들은 아버지의 충고를 무시하고 신이 나서 태양을 향해 높이 날아오르다가 점점 뜨거워지는 태양에 밀랍이 녹아 땅으로 추락하고 만다. 그의 이름은 이카로스다.

여러모로 비과학적인 신화지만, 신화는 어디까지나 사실이 아닌 은유로 다루어야 한다. 다이달로스와 이카로스의 신화가 의미하는 바는 "모든 기술에는 한계가 있다"라는 것이다. 그리고 요즘처럼 북적거리는 세상에서는 하늘에서 사람이 추락하면 그에 맞아 죽는 사람도 생긴다. 크레타의 이카로스는 무지했을 뿐인지 몰라도 오늘날의 이카로스는 무책임하기까지 하다는 뜻이다. 자신의 목숨뿐만 아니라 다른 이들의 안전까지도 위협할 수 있기에, 기술을 남용하는 일은 의도적으로 이를 악용하는 일만큼이나 나쁘다.

두 번째 이야기는 웨어러블 로봇의 악용 가능성에 대한 것이다. 사람이 웨어러블 로봇을 입는다고 해서 로봇이 되는 건 아니다. 우리의 몸이 웨어러블 로봇을 입고 기계처럼 쉬지 않고 일할 수 있게 된다 해도 정신은 장시간에 걸친 강도 높은 노동을 견뎌낼 수 없다. 이 분야의 전문가들이 우려하는 것이 바로 그 점이다. 웨어러블 로봇의 도입이 불러올 수 있는 가장 치명적인

크레타의 이카로스는 무지했을 뿐인지 몰라도 오늘날의 이카로스는 무책임하기까지 하다. 자신의 목숨뿐만 아니라 다른 이들의 안전까지 위협할 수 있기에, 기술을 남용하는 일은 의도적으로 이를 악용하는 일만큼이나 나쁘다.

부작용은 우리가 인간 정신의 한계를 뛰어넘는 작업과 이동을 요구받는 상황이 도래하는 것이다.

이런 상황에 대한 가장 악독한 상상력을 보여주는 소설이 일본 작가 소네 케이스케의 「결국에……」(2010)다. 작가는 오늘날의 일본이 직면한 가장 중요한 사회 문제인 고령화 문제와 일본의 역사, 동력형 웨어러블 로봇을 한데 묶어 다음과 같은 장면을 썼다.

> 기술자가 뭔가를 조작하자 난국 2호의 가슴 해치가 빠끔 열렸다. 그 안에 조그마한 주름투성이 노파가 타고 있었다.
> "소개합니다. 육상 자위대 최고령 대원, 사이토 마사코 대위. 올해 98세입니다."
> 살아 있는 군신, 사이토 마사코의 이름을 모르는 국민은 없다. ……모두가 일어서서 경탄의 박수를 보냈다. 그 기립 박수도 사이토 대위의 귀에는 들어오지 않는 듯했다. 눈빛은 흐릿했고 입에서는 침이 질질 흘렀다. ……
> 난국 2호는 교실을 나가려다가 마이크 줄에 발이 걸려 커다란 소리와 함께 바닥에 쓰러졌다. 혼자서는 일어나지 못해서 기술자 네 명이 달라붙어 잠시 손을 보았지만 다시는 움직이지 않았다. 노인들이 지켜보는 가운데 난국 2호는 결국 들려 나갔다.

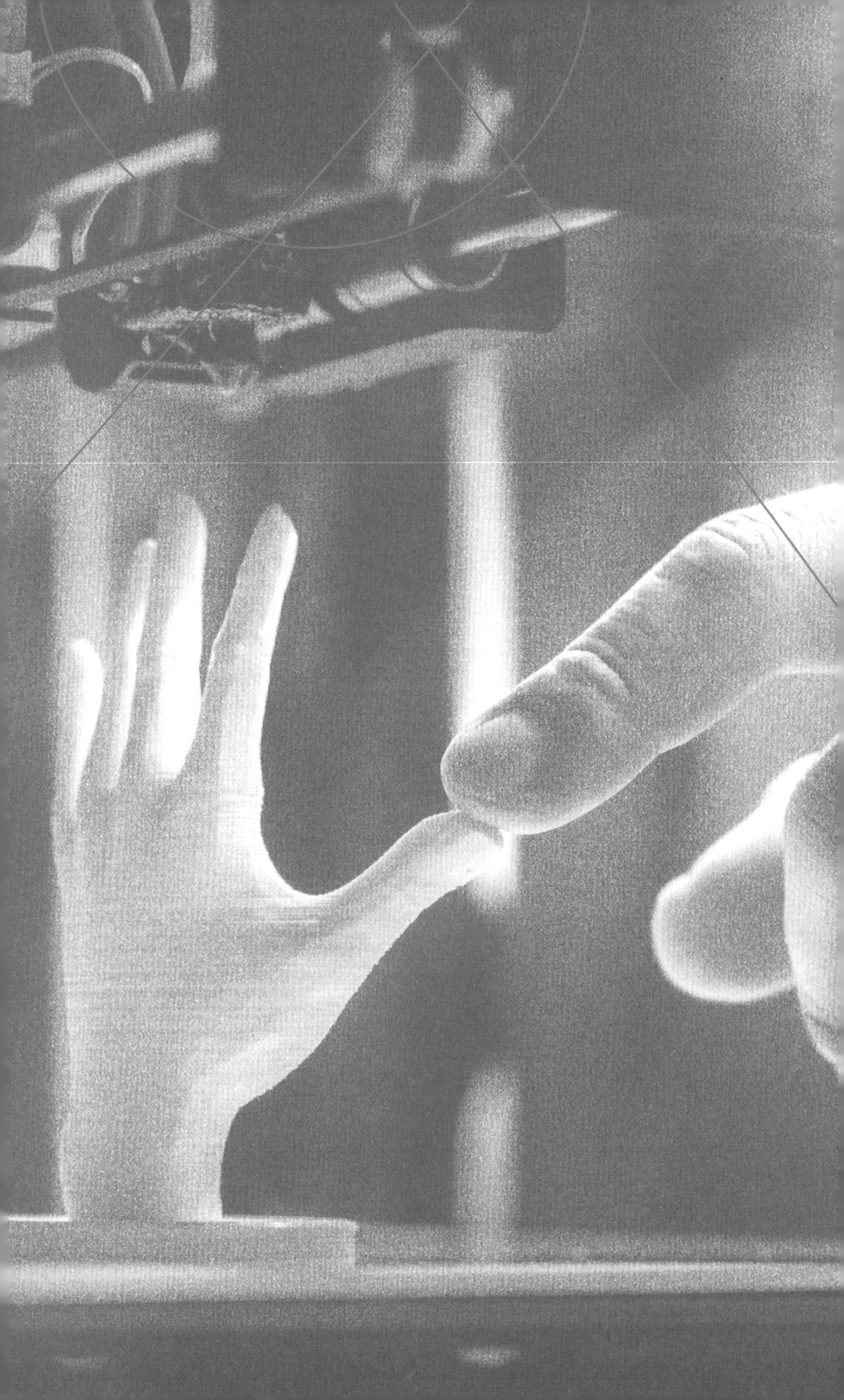

CHAPTER 4

3D 프린팅

스파이더맨 슈트를 만드는 기술

〈스파이더맨: 파프 롬 홈〉(2019)은 여러 모로 재미있는 영화다. 특히 미래 공학 기술에 관심이 있는 사람들의 시선을 사로잡는 대목이 많다. 영화에 등장하는 드론 기술, 증강현실 기술 등은 하나같이 손에 잡힐 것처럼, 머지않아 꼭 저런 형태로 구현될 것처럼 생생하게 묘사된다. 그중 특히 주목할 만한 장면 하나를 소개한다.

피터 파커(스파이더맨)가 간신히 미스테리오의 계략을 알아낸 후 해피 호건에게 도움을 구했을 때의 일이다. 피터를 태우고 미스테리오의 다음 목표인 런던으로 향하는 비행기 안에서 피터가 해피에게 말한다.

"슈트가 필요해요."

해피가 비행기 뒤쪽에 숨겨진 공간을 개방하자 3D 인터페이스가 장착된 커다란 원통형 3D 프린터가 모습을 드러낸다.

"거미줄 발사기 띄워줄래?"

인공지능에게 이런저런 지시를 내리며 피터는 새로운 스파이더맨 슈트를 디자인한다. 해피와 피터가 런던 브리지에 접근할 무렵 피터의 커스텀 스파이더맨 슈트가 완성된다. 암스테르담과 런던은 비행기로 한 시간 거리밖에 되지 않는데 그동안 피터는 새 슈트를 디자인하고 제작까지 끝마친 것이다. 이것이 내연기관과 전기의 발명 이후로 가장 파급력이 큰 발명이 될지도 모른다는 3D 프린팅 기술의 미래상이다.

장난꾸러기 공학자의 발명품

우리는 아이를 양육할 때 아빠의 역할이 중요하다는 이야기를 많이 한다. 아빠가 자주 함께 놀아준 아이들은 그렇지 않은 아이들에 비해 더 창의적인 경우가 많다. 엄마들이 한 가지 놀이를 오래 하며 아이들과 진득하게 놀아주는 데 비해 아빠들은 자신이 질리면 재빨리 놀이를 바꾼다. 몇몇 유난스러운 아빠들은 스스로 나서서 새로운 놀이를 만들어 내기도 한다.

항공기 엔지니어였던 스캇 크럼프도 그런 아빠였다. 이 사람은 두 살배기 딸에게 장난감을 사 주는 데 만족하지 않고 손수

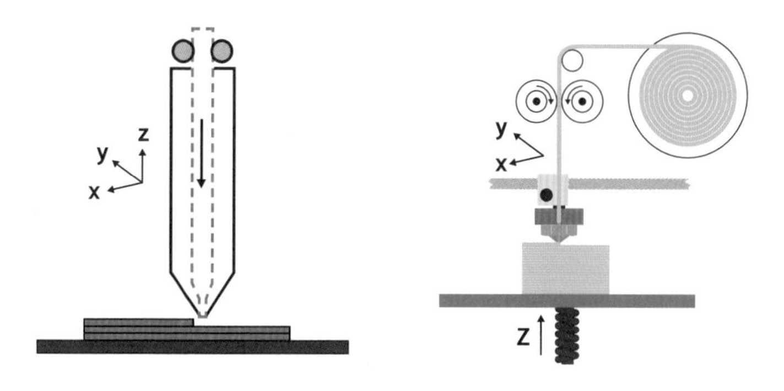

왼쪽은 노즐이 x, y, z 축 움직임을 담당하는 FDM 프린터이며 오른쪽은 노즐이 x, y 축 움직임을 담당하고 출력판이 z 축의 움직임을 담당하는 FDM 프린터다.

장난감 개구리를 만들어주려 했다. 이때 그의 눈에 띈 것이 글루건이었다. 고체 원료를 녹여서 짜낼 수 있는 글루건을 이용해 재료를 겹겹이 입체적으로 쌓으면 3차원 물체를 만들 수 있지 않을까? 유레카!

아이 장난감을 만들고 싶었던 장난꾸러기 공학자는 이렇게 FDM Fused Deposition Modeling (필라멘트를 녹여서 겹겹이 쌓는 것) 방식을 창안하고 3D 프린터의 개념을 창시했다. 스캇 크럼프와 리사 크럼프 부부가 1989년에 설립한 스트라타시스는 세계 최초의 3D 프린터 회사이다.

FDM 방식의 3D 프린터에서 잉크 역할을 하는 것은 플라스틱 필라멘트다. 필라멘트를 압출기에 투입하면 섭씨 180도에서 융해되어 출력판 위에 쌓인다. 이때 압출기와 출력판을 x, y, z 축으로 움직이며 3차원 물체를 적층한다.

FDM보다 성능이 더 뛰어난 방식은 레이저나 램프를 이용해 재료를 경화시키는 것이다. 이 경우에는 빛이나 열로 경화시킬 수 있는 액상 소재나 분말을 주로 활용한다. FDM보다 더 정교하고 더 빨리 다양한 물체를 만들 수 있지만 훨씬 비용이 많이 든다. 기술 개발 순서로 보면 레이저 경화 방식이 먼저 개발됐지만 대중적 인기는 FDM 쪽이 더 높다.

산업 현장에서 3D 프린터는 이미 중요한 도구로 자리매김했다. 부품 개발 과정에서 시제품 제작은 필수적인 단계다. 디자이너나 엔지니어의 머릿속에서는 최고였지만 막상 만들어보면 허점이 드러나기 일쑤다. 설계상으로는 완벽하게 조립될 성싶었던 부품들이 막상 조립해보면 자체 무게로 인해 처지거나 틈이 벌어지거나 단차가 발생하는 경우가 종종 생긴다. 이런 일이 일어나지 않도록 검증하기 위해서는 실제로 제품을 만들어보는 수밖에 없다.

구조가 복잡한 제품일수록 시제품을 제작하는 일이 중요하다. 요즘은 3D 프린터로 시제품을 만드는 경우가 늘어나 시제품 제작 과정에서 낭비되는 자원을 절감하고 개발자의 스트레스를 줄여준다. 3D 프린터로 시제품을 만들면 오류를 발견하자마자 수정해서 다시 출력하는 일이 가능하다. 그 덕분에 제품의 완성도도 높아지고 개발 기간은 절반으로 줄어든다.

항공우주공업 분야에서는 시제품 제작을 넘어서 부품 생산 과정에 3D 프린터를 적극 도입하고 있는 추세다. 금형 없이 부품을 만들 수 있기 때문에 완전히 새로운 디자인을 시도하는 일도 수월해졌다. 또한 항공우주공업용 부품은 공기가 지나가는 내부 통로를 필요로 하는 경우가 부지기수다. 깎거나 주물로 만들기보다 3D 프린터로 만드는 편이 훨씬 쉽다.

이런 이유로 보잉은 인공위성 및 우주선 부품 생산 과정의 일부를 3D 프린팅으로 전환하기 시작했다. 기존 부품에 비해 두 배 이상 복잡한 구조까지 소화할 수 있기에 에너지 효율이 높다. 3D 프린팅 기술의 도움으로 우리는 가까운 미래에 디지털 기반의 완전 자동화 스마트 공장을 건설할 수 있을 것이다. 이는 맞춤 생산과 대량 생산이라는 두 가지 모순된 개념을 하나로 융합하는, 미래 경제의 초석이 될 기술이다.

내 마음대로 옷도 만들고 로봇도 만들고 신발도 맞출 수 있다니. 매트리스나 소파 같은 것도 내 몸에 딱 맞게 출력해서 쓰면 좋을 텐데. 아예 나만의 자동차나 집을 출력할 수는 없을까? 오늘날 3D 프린팅 기술은 어디쯤 와 있는 것일까?

지금부터 우리가 살펴볼 점은 크게 두 가지다. 첫째는 3D 프린터의 용도이고, 둘째는 나도 3D 프린터를 사용할 수 있을까 하는 것이다.

집에서 만들어 먹다

3D 프린터의 여러 응용 분야 가운데 가장 빠르게 구현되고 있으며 우리 생활 전반으로 파고들어 큰 변화를 초래할 후보는 식품 분야다. 3D 프린터로 음식을 만드는 기술이 처음 연구되기 시작한 지 불과 10년 정도가 지났을 뿐이지만, 그럼에도 불구하고 이는 2020년대에 급성장할 산업 또는 21세기의 주목할 만한 기술이라고 평가받는다. 그만큼 이 기술이 의미하는 바가 크기 때문이다.

나는 집에서 빵을 굽고자 하는 꿈을 가진 사람이다. 밀가루 반죽도 직접 하고 내가 원하는 맛의 빵을 구워 맛있게 먹고 싶다. 20대 초반부터 이런 생각을 해왔지만 아직까지 한 번도 빵 굽기에 도전한 적은 없다. 세상에는 나와 같은 사람이 많지 않을까? 집에서 빵도 굽고 피자도 굽고 나초도 만들고 파니 푸리와 타코야키와 태국식 그린 커리도 해먹고 싶은데 감히 엄두를 못 내는 사람들 말이다.

3D 프린터가 미래 기술로 주목받기 시작한 사실상의 계기 또한 3D 프린터로 먹을 것을 출력한다는 아이디어가 제시되고 구현된 데에서 비롯되었다. 3D 프린터로 음식을 출력하려면 우선 식품 원료를 투입하고 나서 원하는 모양으로 쌓아 올리면 된다. 일반 프린터에 컬러 잉크 카트리지를 장착하고 인쇄를 하는 것과 마찬가지다. 초기에는 3D 프린터에 초콜릿 원료를 투입하

3D 프린터로 크림 케이크를 출력하는 모습. 아직은 프린터 값이 너무 비싸기에 진정한 케이크 마니아가 아니라면 구매를 말리고 싶다.

고 원하는 모양으로 초콜릿을 출력하는 등 단일 성분을 이용해 모양만 빚어내는 게 고작이었다. 하지만 그로부터 10년이 채 지나지 않은 지금은 보다 다양한 원료로 다양한 메뉴를 만들려는 시도가 이루어지고 있다.

이를테면 NASA는 우주인에게 3D 프린터로 피자를 제공하겠다는 계획을 갖고 있다. 3D 프린팅 식품 기술 개발은 장차 인류의 생활 반경에 포함될 가능성이 높은 우주 생활과 관련해 시사하는 바가 크다. 우주여행을 묘사하는 기존의 어떤 영화를 보더라도 선원들이 식사를 하는 장면은 엇비슷하다. 정수기처럼 생긴 기계에서 죽이나 푸딩 같은 것을 받아다가 "아유, 맛없어"라고 투덜거리며 먹는다.

과거에는 대양을 횡단하는 범선에 식량과 술통뿐만 아니라 염소와 같이 신선한 유제품을 제공하는 가축도 실었고 가축 돌보는 사람을 함께 태우기도 했다. 우주여행에 대해서도 사람들은 비슷한 상상을 하곤 한다. "큼직한 우주선을 제작해서 그 안에다가 곡식과 야채를 재배하는 공간을 마련하면 되지 않을까?" 하지만 현실적으로 보았을 때 우주 공간에서 만족스러운 식생활을 영위하려면 여러 가지 재료를 압축해서 보관했다가 음식의 형태로 출력해 먹는 방식이 염소를 싣고 가는 것보다 훨씬 효율적이다.

피자는 프린트해서 먹기에 좋은 음식 가운데 하나다. 각종 재료를 층층이 쌓아 만드는 음식이므로 3D 프린터의 원리에 정확히 부합한다. NASA의 피자 연구는 비헥스라는 회사를 탄생시켰다. 비헥스는 육각형 벌집을 뜻한다. 벌이 분비물을 겹겹이 쌓아 벌집을 만들듯이 3D 프린터로 음식을 만드는 것이다. 비헥스는 지름 30센티미터짜리 도우 위에 치즈와 소스를 적층해 1분 만에 피자를 만들 수 있다고 광고한다. 적층이 끝난 피자를 오븐에 넣고 5분간 구우면 바로 먹을 수 있다.

아서 클라크는 앞서 살펴본 소설 『신의 망치』에서 식품 분야에 3D 프린터를 적용했을 때 인류가 도달할 수 있는 경지에 대한 흥미로운 상상을 보여준 바 있다. 이 소설에는 완전 자원 순환 시스템을 갖춘 주거 공간이라는 개념이 등장한다. 집에 사는 사람들이 음식을 먹고 배설을 하면 순환 시스템의 재활용 장치가 이를 분해해 3D 푸드 프린터의 원료로 활용한다. 이렇게 한다면 인간이 식량으로 사용하는 자원량이 현저히 감소할 것이므로 전 인류의 식량 문제가 해결되고 지구 환경에 대한 착취 또한 줄어들 거라고 클라크는 생각했다.

굳이 우리 스스로의 배설물을 재활용하지 않더라도 3D 푸드 프린터는 인간이 지구 환경과 관계 맺는 방식을 크게 바꿔놓을 수 있다. 대표적으로 육류 소비 문제를 생각해보자. 사람이 곡물을 재배해 직접 섭취하는 것에 비해, 곡물을 사료로 가공해 가축에게 먹인 뒤 그로부터 얻은 고기와 유제품을 먹을 때 더 많은 에너지가 소모된다. 엔트로피의 법칙을 떠올려보자. 한 단계를 더 거쳐서 자원을 생산하면 당연히 그 과정에서 낭비되는 에너지가 발생한다. 가축을 키워서 잡아먹는 오늘날의 육류 소비 체계는 많은 에너지와 공간을 필요로 할 뿐만 아니라 막대한 엔트로피의 증가를 초래한다.

또한 우리는 맛있는 고기와 우유를 더 많이 얻을 목적으로 가축에게 곡물뿐만 아니라 생선도 먹이고 있다. 우리가 바다에서 작은 물고기들을 쓸어 담아 갈아서 여물통에 쏟아붓는 바람에 정어리와 멸치를 먹고 살아야 하는 바다의 수많은 생물들이 피해를 보고 있다. 물개들은 이제 영양분이 부족한 해파리를 먹고 굶주린 펭귄들은 개체 수 감소를 겪고 있다.

그러므로 인간이 가축을 잡아먹는 대신 다양한 단백질 재료를 이용해 3D 프린터로 음식을 출력해서 먹는다면 지구 환경

개선에 큰 기여를 할 수 있다. "아무리 그래도 고기 씹는 맛을 포기할 수 있겠어?"라는 사람들도 물론 존재할 것이다. 그러나 3D 프린터가 고기의 육질을 훌륭하게 재현해 낼 때, 그리고 3D 프린터의 효율이 높아져 지구 환경이 실질적으로 개선되는 모습이 눈에 들어오는 순간, 이런 욕구와 집착은 설 자리를 잃을 것이다.

3D 프린터와 시너지 효과를 일으킬 기술로, 오늘날 미국 등에서 활발히 진행되고 있는 배양육 연구에 주목할 필요가 있다. 이는 가축을 길러서 단백질을 얻는 대신 실험실에서 단백질 덩어리를 키우려는 시도이다. 현재 배양육 연구는 가축에서 얻을 수 있는 고기와 똑같은 맛이 나는 고기를 만드는 데에는 성공했으나 축산에 비해 에너지 효율이 떨어지는 상태다. 향후 꾸준한 발전이 기대되는 배양육 연구를 통해 효율적으로 단백질을 조달할 수 있다면, 우리 후손들은 살아 있는 동물에서 단백질을 취하던 무렵의 이야기를 역사책에서나 찾아보게 될지도 모른다.

여기서 잠깐. 아직까지 단백질을 원료로 삼는 3D 프린팅 기술은 구현되지 않았다는 점을 짚고 넘어가자. 지금까지 개발된 3D 프린터들은 성형하기 좋은 재료인 탄수화물을 주원료로 삼고 있다. 얼마 전에 비헥스에서 나만의 컵케이크를 만들 수 있는 기술을 개발했다는 소식이 전해졌다. 프린티드 미트를 먹기에 앞서 나만의 와플이나 나만의 치즈 케이크, 나만의 밀푀유 케이크를 만들어 먹는 꿈부터 실현해보자.

마음껏 만들며 놀다

3D 프린터의 핵심 응용 분야로 손꼽히는 또 하나의 부문은 바로 취미 생활이다. 우리는 3D 프린터를 이용해 세상에 단 하나뿐인 세라믹 곰돌이를 만들 수도 있고 사랑스러운 반려견을 본뜬 나만의 피규어를 가질 수도 있다.

"인형과 장난감이라고요?" 미래 공학 기술이 이루어 낸 성과라기엔 다소 격이 떨어지는 거 아니냐고 반문하는 사람이 있을지도 모르겠다. 하지만 잘 생각해보시라. 오늘날 브랜드 파워에서 세계 제일로 꼽히는 회사 가운데 하나가 레고다. 레고의 고향인 덴마크에서 최고의 관광지로 각광받는 곳은 짐작하다시피 레고 랜드다. 대형 쇼핑몰에 가면 무빙워크 옆면은 항상 레고 광고로 도배되어 있다. 레고 팬들은 스타워즈 시리즈나 닌자고 시리즈처럼 레고에서 출시하는 각종 시리즈를 모조리 사 모은다. 사람들은 레고로 유튜브 영상을 찍고 영화를 만든다. 2014년에 나온 영화 〈레고 무비〉는 지하실에 레고로 도시를 만든 아버지와 아들의 이야기다. 3D 프린터의 개념이 탄생하게 된 것 또한 늘 똑같은 장난감에 질린 한 어른의 욕망 때문이었다는 사실을 되새길 필요가 있다.

사람들이 점점 취미에 많은 돈을 쓰는 현상을 가리켜 최근에는 '키덜트'라는 굴욕적인 이름이 붙기도 했다. 다 큰 어른 주제에 애들이나 가지고 놀 법한 것에 돈을 펑펑 쓴다는 뉘앙스가

<워해머 40000>은 1980년대 후반에 처음 출시된 SF 미니어처 게임이다. 우리나라에는 미니어처 게임이 아니라 컴퓨터 게임으로 널리 알려져 있다. 우주 해병과 우주 이교도, 우주 오크 등이 등장하는 게임으로, <스타크래프트>와 같은 후대의 컴퓨터 게임에 큰 영향을 주기도 했다.

담겨 있는 키덜트는 오늘날의 중요한 경제 트렌드 가운데 하나로 자리 잡았다. 키덜트들은 자기가 좋아하는 일에 아낌없이 돈을 쓴다. 다른 사람들이 미술, 음악, 운동에 열중할 때 이들은 공예와 수집에 몰두한다.

미국의 미니어처 게임의 세계를 잠시 들여다보자. 미니어처 게임이란 군사와 병기를 정밀 모형으로 제작해 이것을 가지고 서로 싸우면서 노는 일을 가리킨다. 게임을 할 때는 두툼한 핸드북을 참고해가며 유닛 간의 거리를 자로 재서 공격력과 방어력 등을 계산하는 과정이 수반되곤 한다.

미니어처 게임의 대명사는 〈워해머 40000〉이다. 〈워해머 40000〉은 게임을 하는 것보다 미니어처를 만드는 일이 훨씬 중요한 게임이다. 미니어처 우주 해병과 전투기, 탱크를 조립하고 색칠하는 일에 다 큰 어른들, 부유한 미국인들이 재산을 탈탈 털어 넣는다. 미국에서 〈워해머 40000〉은 가산을 탕진하기에 가장 좋은 취미로 꼽힌다. 미니어처를 조립하고 색상을 입히는 과정에서 미니어처의 소장 및 유통 가치가 상승하기 때문에 1980년대부터 이 취미에 빠진 이들 가운데에는 재산의 가장 큰 몫을 미니어처의 형태로 보유한 사람도 있다고 한다.

이런 취미를 가진 사람들의 꿈은 한 가지다. 세상에 단 하나뿐인 나만의 피규어와 장난감을 갖는 것. 현재 워해머 피규어와

디오라마란 피규어를 이용해 특정 상황을 재현한 것이다. 전투 장면은 파괴된 현장의 모습을 현실적으로 구현할수록 생동감을 띤다. 이에 제작자들은 폭발로 부서진 건물의 잔해 등을 표현하고자 비싼 돈을 들여 구매한 소품을 비틀고 녹이고 부숴 자신만의 작품을 만든다.

몰입은 기술을 연마해 어려운 목표에
도전했을 때에만 경험할 수 있는 '최적 경험'이다.

건담 프라모델을 만드는 이들의 유일한 선택지는 제작사에서 제공하는 모델 가운데 마음에 드는 모형을 선택하는 것이다. 이들은 구매한 모형을 자신만의 고유한 것으로 만들기 위해 페인팅에 열중하거나 일부분을 훼손해 디오라마로 만든다.

3D 프린터로 장난감을 만드는 것은 "나만의 피규어를 갖고 싶다"라는 모든 키덜트의 꿈을 성취하는 일이다. 소비자가 원하는 것을 원하는 만큼 만들어 쓰게 한다는 3D 프린터의 본질에도 부합한다.

피규어를 만들기 위해 다루기도 어렵고 생소하기 그지없는 3D 프린터를 사용해야 한다면 배보다 배꼽이 더 큰 것 아니냐고 묻는 사람도 있을 것이다. 하지만 놀이에 있어서 난이도란 장애물이 아닌 도전 목표가 되어 더 큰 몰입감과 쾌감을 불러오는 법이다. 몰입이론의 대가 미하이 칙센트미하이가 말했듯이, 몰입은 기술을 연마해 어려운 목표에 도전했을 때에만 경험할 수 있는 '최적 경험'이기 때문이다.

메이드 인 스페이스

3D 프린터를 건축에 응용하려는 연구 또한 활발하게 이루어지고 있다. 이와 관련해 오늘날 가장 뜨거운 화두는 지상이 아닌 우주에 집을 짓는 것이다. NASA는 우주에서 피자

를 만들어 먹고자 애를 쓰는 한편으로 우주 공간에 모듈형 기지를 건설하는 데 3D 프린터를 활용할 방법을 개발 중이다.

인간은 중력에 묶인 존재이기에 우주로 나아가기 위해서는 값비싼 로켓 연료를 끝도 없이 분사해야 한다. 우주로 진출하는 일이 이렇게 힘든 상황에서 달과 화성과 지구 정지궤도에 기지를 건설하는 방법은 몇 가지밖에 없다. 첫 번째는 비싼 로켓 연료를 더 많이 소모해서 우주기지 부품을 실은 우주선을 여럿 쏘아 올리는 것이다. 현존하는 국제우주정거장ISS을 지을 때 바로 이런 방법을 이용했다.

두 번째 방법은 이보다 세련되었지만 아직 현실화하기 어려운 아이디어다. 콘스탄틴 치올코프스키가 처음 고안하고 아서 클라크가 소설 『낙원의 샘』에 도입함으로써 널리 알려진 우주 엘리베이터 건설이다. 우주 엘리베이터는 정지궤도에 정거장을 띄운 뒤 탄소섬유 등 장력이 강한 소재로 케이블을 만들어 정지궤도 정거장과 지상을 연결하는 것이다.

지상에서 정지궤도까지 엘리베이터를 연결하려면 3만 6000킬로미터가량의 케이블이 필요하다. 이는 지구 둘레보다 불과 몇천 킬로미터 정도 짧은 것으로서 현존하는 기술로는 이런 케이블을 만들 수가 없다. 아서 클라크가 상상한 것처럼 적도에서 가장 고도가 높은 지점에 지상 쪽 정거장을 설치한다 하더라도 고작 몇천 킬로미터 정도를 감축하는 것에 불과하다.

하지만 오늘날의 소재 기술이 한계를 내다보기 어려울 정도로 급속히 발전하고 있다는 점을 감안할 때 우주 엘리베이터 건설이 아예 불가능한 것은 아니다. 만약 우주 엘리베이터가 한 대라도 설치된다면 우리는 본격적으로 정지궤도에 우주선 제작소를 지을 수 있다. 우주선 재료는 엘리베이터로 올려 보내고 조립은 정지궤도에서 하는 방식이다.

지구에서 쏘아 올리는 우주선의 부피와 질량 가운데 대부분을 차지하는 것은 연료를 담은 로켓 부분이다. 이를 다 분리하고 나면 실제 우주선은 전투기 정도 크기에 불과하다. 하지만 지구 중력을 벗어난 상태에서는 화물을 적재할 공간이 넉넉하고 보다 많은 연료와 비행사를 실을 수 있는 큰 우주선을 만들 수 있다. 그리되면 달과 화성의 개척 기지 건설도 가시권에 들어온다.

그러나 우주 엘리베이터를 건설하는 것보다 더 좋은 방법이 있다. 달과 화성에서 직접 재료를 취해 기지를 건설하는 것이다. 이를 위해 여러 대의 채굴 장비와 건축 장비를 달과 화성에 실어 날라야 한다면 효율이 크게 떨어질 것이다. 하지만 채굴 기능과 건축 기능을 모두 수행할 수 있는 로봇형 3D 프린터 건축 장비를 개발한다면 이야기가 달라진다.

공학자들은 먼저 국제우주정거장에 3D 프린터를 설치해 간단한 부품을 생산하는 일에 착수했다. 국제우주정거장은 인간이 활동하는 여러 환경 가운데 인류 문명으로부터 가장 완벽하게 고립된 곳이다. 지상에서 쏘아 올린 로켓을 통한 보급 외에는 물자를 조달받을 방법이 없는 상황에서 전자 기기라든지 기

한 대의 기계에 원료 채취부터 기지 출력까지 모두 맡길 수 있다면 장차 우주기지를 건설하는 데 드는 비용을 크게 절감할 수 있을 것이다.

계 부품이 고장 나는 상황을 상상해보자. 이런 일을 방지하기 위해 ISS에는 10톤 이상 분량의 예비 부품이 실려 있다. 그럼에도 불구하고 ISS는 매년 몇 톤어치의 부품을 새로이 조달받아야만 한다.

우주정거장에서 3D 프린터로 부품을 만들어 쓴다면 두 가지 커다란 이점을 확보할 수 있다. 첫째로 ISS가 과도한 양의 예비 부품을 보유하지 않아도 된다. 플라스틱이나 금속과 같은 재료를 일정량 보유하고 있다가 필요한 부품을 제때 출력해서 쓰면 되기 때문이다. 둘째로 보급품을 실은 로켓 우주선을 자주 발사하지 않아도 된다. 기본 재료를 효율적으로 활용할 수 있기 때문

ISS에서 사용하는 3D 프린터. 플라스틱 재질로 된 컵이나 각종 부품을 만드는 데 쓰이고 있다. NASA의 '메이드 인 스페이스' 프로그램은 차근차근 진행 중이다.

에 훨씬 적은 양의 보급품으로도 우주정거장을 유지할 수 있다.

나아가 ISS에는 최근 들어 우주 재활용 장치가 도입되었다. 다 쓴 플라스틱 부품과 마모된 금속 부품을 3D 프린터의 원료로 활용할 수 있도록 바꿔주는 장치다. 현재는 일부 플라스틱 부품을 재활용할 수 있는 수준에 이르렀다.

다양한 소재를 재활용해 꼭 필요한 부품들로 바꿔 쓸 수 있다면 ISS뿐만 아니라 향후 우주 곳곳에 세워질 모든 기지에서 기본적으로 부품을 자급자족할 수 있다. 우주개발의 꿈이 성큼 현실로 다가오는 느낌이다. 핵심이 되는 부분은 전자 부품을 출력하는 기술이다. 앞으로 10년 안에 집적회로를 제외한 대부분의 전자 부품을 3D 프린팅 할 수 있으리라는 전망도 있으니 기대해도 좋을 듯하다.

3D 프린터로 달과 화성에 우주기지를 건설하는 일도 얼마 안 있어 실현될지 모른다. 현재는 달의 토양에서 재료를 채취해 로봇 팔 형태의 3D 프린터로 돔 구조를 건설하는 기술이 한창 연구되고 있다. 개발자들은 이런 프린터 몇 대를 달에 보내 일주일 이내로 기본적인 기능을 갖춘 돔 기지를 짓는 것을 목표로 삼고 있다. 빠른 속도로 발전하는 3D 프린터 기술과 더불어 버젓한 우주기지를 일주일 만에 건설하는 미래도 성큼 다가올 것이라고 믿는다.

허전한 곳을 채우다

신경외과에서 뇌수술을 받은 사람들은 수술이 잘 끝나도 두개골 복원 때문에 고민이 많다. 수술을 받고 나면 한쪽 두개골 없이 지내야 하는 사람들도 있는데 이들은 머리를 보호하기 위해 무거운 헬멧을 착용해야 한다.

뇌수술 환자들의 두개골 복원에 사용하는 본 시멘트는 폴리메틸 메타크릴레이트 등 우리에게 생소한 특수 물질로 이루어져 있다. 주로 인공관절 시술에 쓰이는 물질이지만 인공 두개골을 만들 때도 사용된다. 단점은 시술 부위가 넓을 경우 결락된 공간을 다 메우면 무거워질 수 있고 의사가 직접 손으로 작업하기 때문에 미용상 불완전한 부분이 있다는 것이다.

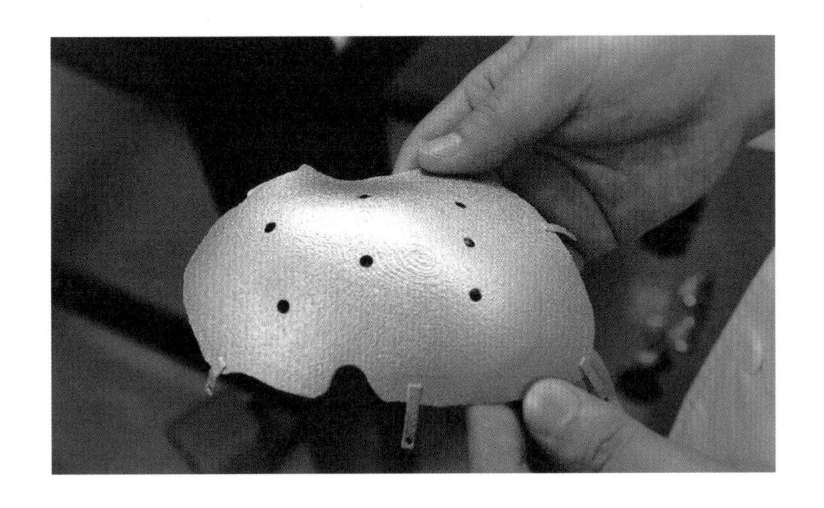

3D 프린터로 출력한
티타늄 인공 두개골

2016년 중앙대학교병원 권정택 교수 팀은 3D 프린팅 두개골 이식 수술에 성공했다. 인체는 좌우대칭이라 어느 한쪽 두개골의 정보만 있으면 반대편 결손 부위에 대한 3차원 두개골 복원이 가능하다. 뼈 안쪽 모양까지 해부학적으로 정확하게 일치하도록 디자인할 수 있다. 인공뼈의 소재로는 순수 티타늄을 활용했다. 임플란트 등에 많이 쓰이는 기존 티타늄 합금에 비해 순수 티타늄은 유해성 논란이 없지만 강도가 약한 것이 흠이다. 되도록 얇은 두께로 제작해 무게는 줄이고 강도는 90퍼센트 이상 끌어올리기 위해 FDM 방식이 아니라 레이저 경화 방식을 사용했다.

인공뼈보다 한 발 더 나아간 분야가 3D 세포 프린팅이다. 산업용 3D 프린팅 분야의 주 소재가 플라스틱이라면 3D 세포 프린팅의 황금 소재는 바로 줄기세포다. 줄기세포는 인체의 다양한 세포로 분화할 수 있는 가능성을 지닌 세포다. 원래 줄기세포는 체세포 복제 등과 관련해 언급되는 경우가 많았는데, 최근 들어 몇몇 축구 선수들이 중요한 경기를 앞두고 햄스트링 부상을 입었을 때 줄기세포 치료를 받음으로써 세간에 널리 알려졌다. 이는 줄기세포를 혈관으로 주입해 부상 부위의 재생을 돕는 방식이다.

현재 정립되어 있는 줄기세포 치료 방법은 이와 같은 혈액 이식뿐이다. 3D 프린터를 활용한 세포 프린팅은 지금 이 순간 활

3D 프린터로 출력한 간블록(위)과 그 내부 구조(아래)

발히 연구가 진행되고 있는 미래 기술에 해당한다. 줄기세포의 양분이 될 배지와 콜라겐 용액을 혼합하면 생물 잉크 소재를 만들 수 있다. 이를 3D 프린터를 통해 얇은 실처럼 뽑아 가로세로 12밀리미터, 두께 2밀리미터 크기의 '간블록'을 만든다.

간블록은 손상된 간 조직에 붙일 수 있는 반창고에 해당한다. 작은 블록 안에 수백만 개의 잠재력 풍부한 줄기세포가 들어있다. 간블록을 간에 이식하면 각 블록의 세포들로 손상된 간 부위를 재생하는 일이 가능하다. 이미 동물실험을 통해 커다란 가능성을 확인받은 기술이다.

변화를 출력하다

기관 조직이 약해 기도가 짓눌리는 희귀 질환이 있다. 산소 공급이 원활하지 않아 결국 죽음에 이르고 마는 무서운 병이다. 이 질환을 앓는 아이들을 도와주기 위해서는 두 가지 필수 조건을 충족하는 기도 부목이 필요하다. 첫째로 아이의 목에 꼭 맞아야 하며, 둘째로 아이의 성장과 더불어 탄력적으로 변화해야 한다.

3D 프린팅은 사용자에게 꼭 맞는 물품을 제작하는 데 특화된 기술이다. 3D 프린터를 활용하면 1밀리미터의 오차도 없이 아이의 목에 정확히 들어맞는 기도 부목을 만들 수 있다.

기도 부목은 손상된 기도를 붙잡고 열어주는 역할을 하는데, 계속 열려 있어도 문제가 된다. 시간이 지날수록 부목의 아랫부분이 열려 기도가 성장할 수 있도록 해야 한다. 여기서 폴리카프로락톤이라는 생소한 소재가 등장한다. 인체에 투입되고 3년 정도가 경과하면 몸 안에서 가수분해되어 사라지는 소재다.

이처럼 시간에 따라 변화하는 물품을 제작하는 3D 프린팅 기술을 4D 프린팅이라고 부른다. 3차원 물체를 만드는 데에서 한 발 더 나아가 네 번째 차원인 '시간'까지 고려한다는 뜻이다. 이는 3D 프린팅 기술과 소재 공학을 융합했을 때 비로소 실현 가능한 기술이다. 4D 프린팅이란 결국 3D 프린팅에 사용하는 소재가 시간 경과에 따라 어떻게 변화할지 예측하고 통제하는 기술이다. 아이의 목을 3년간 지탱해주다가 자연히 녹아 흡수되는 기도 부목을 만드는 것이 좋은 예다.

4D 프린팅의 핵심은 다양한 외부 환경에 반응해 여러 가지 변화를 일으키는 각종 소재를 확보하는 것이다. 예를 들어 폴리우레탄 계열의 TPU라는 소재는 일정 온도에 이르면 형상이 변화하는 특성을 가졌다. 이처럼 온도뿐만 아니라 빛, 소리, 습도에 따른 소재의 변화를 예측할 수 있어야 한다.

이를테면 물을 잘 흡수해 쉽게 팽창하는 하이드로겔 소재와 물을 잘 흡수하지 않는 고분자 화합물을 이용해 물체를 만들 수도 있다. 이 물체를 물에 집어넣으면 하이드로겔 소재 부분은 팽창하고 고분자 화합물 부분은 팽창하지 않기 때문에 물체의

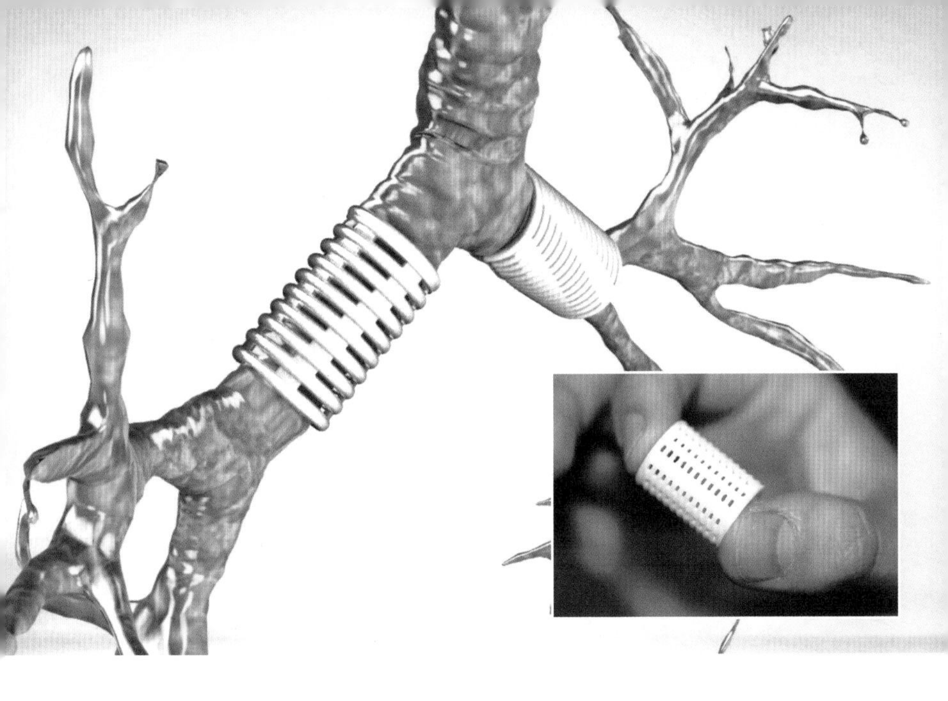

3D 프린터로 출력한 기도 부목을 기도에 적용한 모습

모양이 변화한다. 이런 원리를 이용하면 평면 형태의 물체가 물이나 빛에 노출됐을 때 스스로 정육면체로 접히게 만드는 것도 가능하다. 전기 자극에 반응해서 크기가 커지거나 형태가 변하는 물건을 만들 수도 있다.

4D 프린팅의 응용 분야는 그야말로 무궁무진하다. 중력이나 기압, 온도, 습도, 시간 등의 외부 조건에 따라 형태나 물성이 변하는 스마트 소재(자가변형물질)를 활용해 원하는 제품을 만든다고 상상해보라. 주변 환경에 따라 모양이 바뀌는 장난감이나 날씨에 맞춰 색상과 질감이 변하는 옷, 의료용 부목 및 관절, 자

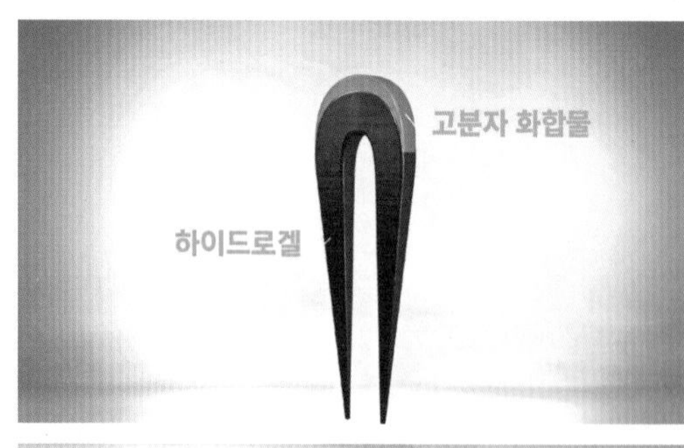

하이드로겔 소재와 고분자 화합물 소재를 결합한 모습(위)과 이를 이용해 제작한 물체가 물속에서 꽃이 피는 것처럼 형태를 변화시키는 모습(아래)

동차와 건축에 이르기까지 다양하게 응용할 수 있다.

아직까지는 간단히 형태를 바꾸는 수준에 불과하지만 여러 과학자들이 자동 건설, 자기 치유, 자동 조립 등의 키워드를 가지고 상상력을 발휘하고 있으니 향후 연구 결과를 주목해볼 필요가 있다.

모두를 위한 3D 프린터

3D 프린터의 다양한 활용 방법에 대해 살펴보고

나니 문득 머릿속에 떠오르는 질문이 있다. 나도 3D 프린터를 사용할 수 있을까? 3D 프린터로 직접 뭔가를 만들 수 있을까? 케이크와 와플도 굽고 싶고, 피규어와 소품도 만들고 싶고, 컴퓨터 메인보드도 3D 프린터로 출력해서 교체하고 싶은데 어떻게 하면 이 모든 일들을 현실로 만들 수 있을까?

우리가 컴퓨터 프로그램으로 문서와 프레젠테이션을 작성하면 프린터가 이를 종이에 인쇄해준다. 3D 프린터도 마찬가지다. 사용자가 도안을 입력해야만 그것을 출력해준다. 3D 프린터 앞에 앉아 멋진 아이스크림을 만들어 내라고 아무리 외쳐봐야 시간 낭비다.

마법과 같은 3D 프린팅 세계의 문을 열어줄 언어는 디자인 프로그램의 언어다. 낯선 프로그램을 다루는 일은 결코 쉽지 않다. 3D CAD 프로그램의 경우에는 이를 다루는 전문 직종이 따로 존재할 정도다. 새로운 프로그램을 배울 때마다 우리는 새로운 인터페이스와 새로운 논리, 새로운 기능에 적응해야 한다. 단어를 외우는 것만으로는 부족하고 해당 언어가 지탱하고 있는 정신세계와 문화에 흠뻑 취해야 한다. 이는 낯선 외국어를 새로이 배우는 과정과도 비슷하다.

우리가 3D 프린터를 활용하는 방법에는 여러 층위가 존재할 수 있다. 그중 가장 손쉬운 길은 스스로 디자인을 하지 않고 다른 사람이 만든 디자인을 가져다 쓰는 것이다. 3D 프린터를 창작의 도구가 아니라 맞춤형 제작의 도구로 삼는 방법인데, 앞으로 대부분의 사람들이 3D 프린터를 이런 식으로 활용하게 될 것이다.

디자인은 고유한 재능과 훈련을 필요로 하는 고차원의 기술이다. 3D 프린터가 상용화된다고 해서 모든 사람이 저마다 마음속에 품은 디자인을 구현할 수 있으리라고는 상상하기 어렵다.

다른 사람의 디자인을 가져다 쓴다고 해도 우리에게는 '커스터마이징'이라는 개념이 있다. 이는 고객들이 저마다 원하는 바를 적용할 수 있도록 하는 일종의 맞춤 제작 서비스를 뜻한다. 오늘날 출시되는 모든 게임에는 기본적으로 캐릭터 커스터마이징 기능이 포함되어 있다. 최초의 게임 캐릭터 커스터마이징은 단순히 캐릭터가 입은 옷의 색상을 바꾸는 정도였다. 그러나 3D 그래픽이 발전함에 따라 이제는 나를 표상하는 게임 캐릭터의 헤어스타일과 두상과 가슴 넓이와 키와 눈동자 색깔과 수염 모양과 피부색과 신발 사이즈를 고를 수 있게 되었다.

지나치게 완벽한, 다시 말해 복잡한 커스터마이징 기능을 제공하면 사람들이 오히려 힘들어한다는 사실을 눈치 챈 게임 제작자들은 이제 캐릭터 본체의 생김새와 크기 등은 고정시킨 채 다양한 코스튬 세트를 적용할 수 있도록 해준다. 디자이너들이 신경 써서 만든 헤어스타일과 옷, 장비를 이리저리 조합해보며 내 취향은 어떤 것인지 탐색하는 재미도 쏠쏠하다.

오늘날의 커스터마이징 수준만 되어도 우리는 게임에 열광하고 캐릭터에 몰입할 수 있으며 커스터마이징에 많은 돈을 쓸

커스터마이징은 무에서 유를 창조하는 대신
유에서 '나만의 것'을 조합해 내도록 해준다.

준비가 되어 있다. 3D 프린팅 기술은 우리가 이미 방대한 온라인 데이터를 보유한 상태에서 탄생한 기술이라는 점을 명심해야 한다. 우리 앞에는 부담스러우리만치 다채로워서 선택 장애가 찾아올 것만 같은 각종 디자인과 커스터마이징의 세계가 펼쳐져 있다.

3D 프린터 활용의 다음 단계는 스스로 디자인을 하는 것이다. 직접 나만의 디자인을 하고 싶어 하는 사람들을 위해 벌써부터 다양한 수준의 3D 디자인 프로그램들이 개발되어 있다. 이들 프로그램 가운데 진정한 초보자를 위한 것들은 클라우드에 저장된 디자인을 기초로 세부를 수정하거나 크기를 바꾸거나 두 개 이상의 설계도를 한데 합칠 수 있도록 해준다. 어디서 많이 들어본 듯한 느낌을 받을지도 모르겠는데, 한때는 꿈의 프로그램으로 불렸던 포토샵이 지원하던 것과 같은 기능들이다.

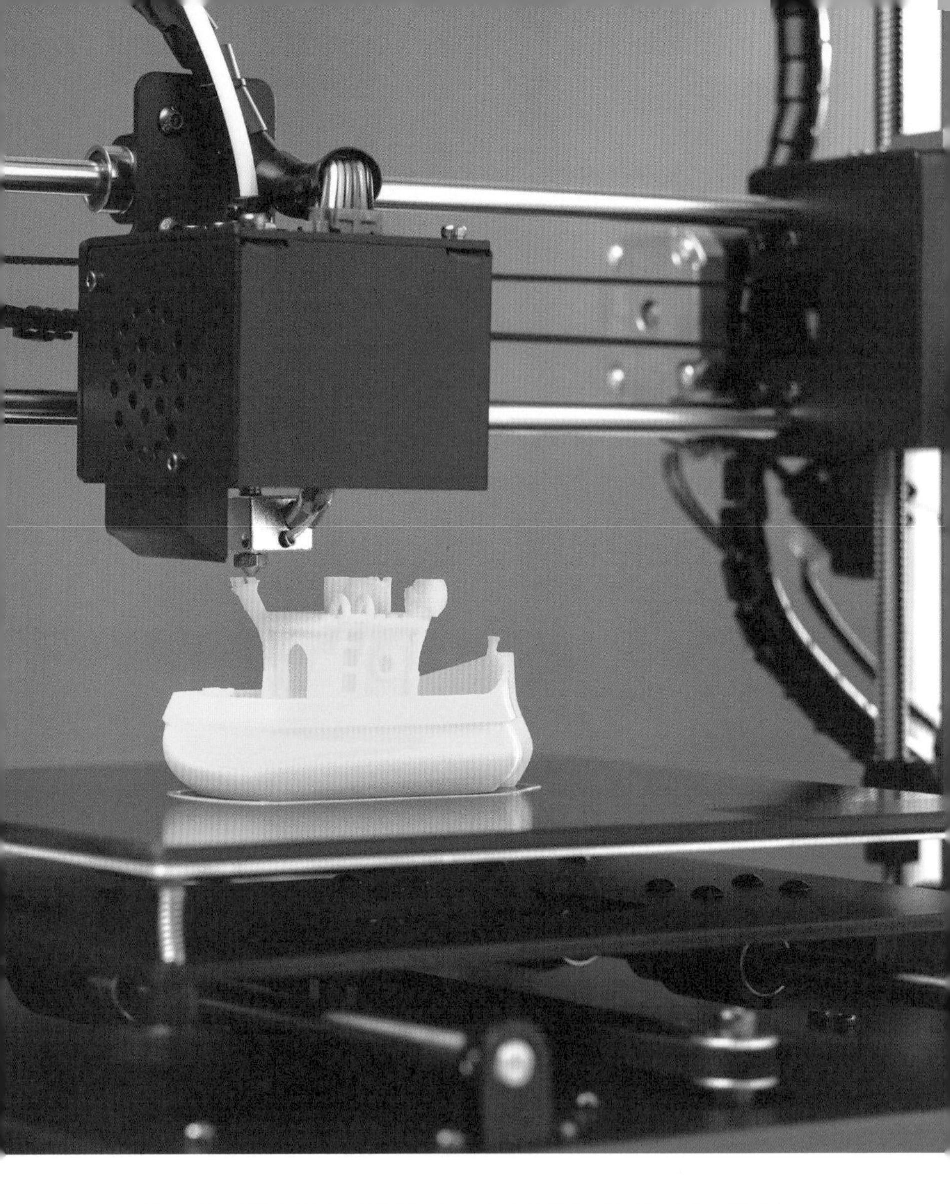

3D 프린터 활용의 다음 단계는 스스로 디자인을 하는 것이다. 직접 나만의 디자인을 하고 싶어 하는 사람들을 위해 벌써부터 다양한 수준의 3D 디자인 프로그램들이 개발되어 있다.

포토샵이 그러했듯 3D 프린팅 또한 무無로부터 유有를 산출할 수는 없다. 전문적인 디자이너들에게도 모델로 삼는 오브젝트가 있다. 전문가가 아닌 사람들에게는 보다 상세한 모티프가 필요하다. 일종의 능동적인 커스터마이징이라고 할 수 있는 이런 초급 프로그램들을 통해 우리는 3D 디자인의 재미에 빠져들게 될 것이다. 나만의 개성과 취향이 고스란히 반영된 사물들로 주변 공간이 채워질 날이 머지않았다.

CHAPTER 5

레이저

무조건 레이저

어릴 적 영화 〈스타트랙〉을 보았을 때의 일이다. 시리즈의 몇 편째였는지는 잘 기억이 나지 않는다. 그러나 늘 그렇듯 또 어떤 외계 행성에서 갖은 고난을 겪은 커크 선장과 맥코이와 스폭이 엔터프라이즈호로 돌아오고 스코티는 또다시 고장 난 엔진 수리를 끝마쳤다. 바야흐로 영화는 절정으로 치닫고 적함은 엔터프라이즈호의 사정권 안에 있다.

"선장님, 적함을 공격할 준비가 됐습니다."

"발사!"

엔터프라이즈호는 자신이 보유한 가장 강력한 무기를 발사한다. 뿅! 엔터프라이즈호에서 날아간 핵 어뢰가 적함을 타격한다. 적함이 산산조각 나고 엔터프라이즈호 선원들의 환호 속에 영화는 해피엔딩으로 끝난다.

뭐야 이거?

영화의 클라이맥스를 장식하는 무기, 우주 시대를 살아가는 인간들이 보유한 최강의 무기가…… 어뢰라고? 그래서는 안 된다. 무조건 레이저여야 한다. 어린 나는 그렇게 믿어 의심치 않았다.

〈스타워즈〉를 보라! 거대한 우주 순양함이 레이저포를 쏘고 엑스윙과 타이 파이터도 레이저를 쏘지 않는가. 악의 우주기지 데스 스타는 아예 초거대 레이저 무기 그 자체다. 클론 병사들도 전부 레이저 무기를 휴대해 다니고 한 솔로와 츄바카도 레이저 총을 들고 다닌다. 게다가 제다이와 시스들이 사용하는 건 레이저 검이다. 레이저 총을 막을 수 있는 것은 레이저 검뿐이라는 설정이 얼마나 그럴듯한가!

만화를 봐도 마찬가지였다. 우주 전함에서도 레이저를 쏘고 로봇도 레이저를 쏘고 기지에서도 레이저를 쏘고 인공위성에서도 레이저를 쐈다. 만화에서 레이저와 빔이 서로 다른 것인 양 묘사하는 바람에 나는 빔이 더 넓은 거고 레이저는 가는 것이라는 나만의 구분법을 만들어 냈다. 어떤 로봇이 좋은 로봇인지 헷갈릴 경우에도 간단히 알아내는 방법이 있었다. 기관총을 든 쪽이 악당 로봇이고 레이저 무기를 든 쪽이 주인공 로봇이다.

한번 레이저에 반한 뒤로는 레이저가 아닌 병기들이 하나같이 성에 차지 않았다. "미사일은 무슨 미사일이야. 미사일은 날아가서 폭발해야 하잖아. 그럼 레이저에 격추당한다고." "레이저가 아닌 기관총으로는 로봇의 장갑을 뚫을 수 없어." 이런 잣대로 바라보면 마징가Z의 로켓 주먹이나 메칸더V 귀에 달린 구공탄도 자격 미달이었다. 이 따위 무기로 어떻게 우주 스케일의 사악한 악당이나 우주 괴수와 싸워 이긴단 말인가.

문명과 야만과 레이저

예로부터 인간은 누가 어떤 무기를 들고 있느냐에 따라 문명과 야만을 나누곤 했다. 만 년 전에는 조악한 뗀석기를 쥐고 휘두르는 쪽이 야만인이고 세련된 간석기 도끼를 쓰는 쪽이 문명인이었다. 활이 개발된 뒤에는 활을 쏘는 쪽이 문명인이고 도끼를 든 쪽이 야만인이 되었다. 금속이 쓰이기 시작한 후로는 창촉이 쇠로 되어 있는지 돌로 되어 있는지가 문명과 야만을 갈랐다. 이후에는 검과 방패, 말과 마차, 강철 검, 화승총, 피스톨, 라이플, 리볼버, 어설트 라이플이 마찬가지 역할을 했다.

우리가 무기로 문명과 야만을 나누어 버릇한 것은 그편이 단순무식하고 쉬운 방법이기 때문이다. 생긴 것도 다르고 말도 안 통하는 사람들끼리 서로의 문화를 깊이 이해하고 비교해서 장단점을 찾기란 무척 어려운 일이다. 그 대신 만나자마자 한판 붙어본 뒤에 더 좋은 무기를 가진 쪽, 이긴 쪽, 센 쪽이 문명인인 것으로 규정해버리면 이야기를 풀어나가기가 참 쉽다. "우리가 이겼으니 우리가 문명인이다. 불만 있냐?" 야만인들끼리 문명과 야만을 나누는 방법으로 이보다 더 편한 게 없다.

1950년대에 레이저 이론이 본격적으로 개발되기 시작할 무렵 사람들은 이것이 미래의 야만인과 문명인을 가를 기술이라고 생각했다. 〈스타워즈〉 시리즈를 비롯한 많은 영화와 드라마, 소설에서 앞다투어 레이저 무기와 병기를 다루었다.

1980년대 미국에서는 레이저 기술로 문명과 야만을 나누려는 정치 캠페인이 전개되기도 했다. '스타워즈 계획'이라는 이름으로도 잘 알려진, 로널드 레이건 행정부가 추진했던 전략방위구상이다.

영화배우 출신으로 대통령이 된 로널드 레이건은 반공을 모토로 정치 활동을 이어온 인물이었다. 그는 반전 평화 운동과 동서 냉전 완화의 흐름이 이어졌던 1970년대의 분위기를 뒤집어서 소련과의 대결 구도를 확고히 하고자 했다. 연일 소련의 핵탄두와 대륙간탄도미사일ICBM 발사 능력을 강조하며 미국이 이에 대항하는 방위 시스템을 구축해야 한다고 주장했던 레이건은 대중의 마음을 설레게 할 아이디어를 제시했다. 소련에서 ICBM을 발사하면 정지궤도에 떠 있는 미국 인공위성에서 레이저 무기를 쏘아 이를 격추한다는 것이었다.

이 환상적인 계획에 사람들은 마음을 빼앗겼다. 새로운 병기, 우주에서 내리꽂히는 죽음의 빛. 레이저가 적들의 미사일을

레이저는 우리 안에 내재한 은밀한 욕망과
환상을 자극하는 기술이다.

무력화하고 세계가 미국의 놀라운 무기 앞에 입을 다물지 못할 터였다. 많은 이들이 정부가 발표한 스타워즈 계획을 통해 새로운 구분 기준을 발견했다. 레이저를 가진 자가 문명인이고 미사일을 쏘는 자는 야만인이었던 것이다.

그러나 얼마 지나지 않아 레이건의 전략방위구상은 미국 역사를 통틀어 가장 허황된 정치 캠페인이었던 것으로 드러났다. 이런 구상을 발표하려면 적어도 기초가 되는 기술이 뒷받침되어야 한다. 하지만 1980년대 미국은 인공위성에서 미사일 요격 레이저를 쏠 수 있는 기술을 보유하기는커녕 가까운 시일 내에 이를 개발할 가능성도 전무했다.

스타워즈 계획을 뒷받침할 기술 발전에 이렇다 할 진척을 보이지 않은 채로 1990년대에 동서 냉전이 종식됨에 따라 마침내 해당 계획 자체가 중단되기에 이르렀다. 그러나 레이건은 스타워즈 계획을 전면에 내세워 국민들의 마음을 사로잡는 데 성공했고, 1970년대를 거쳐오며 침식된 미국의 자존심을 되살릴 수 있었다. 미국인들에게 필요했던 것은 미국과 다른 나라들을 구분하는 뚜렷한 기준선이었다.

그렇다면 레이저는 실제로 어떤 기술일까? 강철을 자르고 병을 고치며 때로는 대중의 감탄을 자아내는 뛰어난 시각 효과를 뽐내기도 하는 레이저는 우리 안에 내재한 은밀한 욕망과 환상을 자극하는 기술임에 분명하다. 과연 레이저는 모든 사람들의 기대를 충족해줄 만한 기술일까?

우리 곁의 레이저

레이저를 연구하고 개발하는 과학자들은 만화나 영화에서와 달리 이것이 병기로 쓰일 물건이 아니라는 사실을 일찌감치 깨달았다. 이들은 우리 일상의 다양한 영역에 레이저 기술을 응용함으로써 긍정적인 미래를 열어가고 있다.

레이저가 오늘날 각광받는 기술이 된 것은 레이저만이 지닌 몇 가지 특성 덕분이다. 레이저LASER는 Light Amplification by the Stimulated Emission of Radiation의 머리글자를 따온 단어다. 이를 우리말로 옮기면 '유도방출에 의한 광 증폭'이다. 명칭을 이해하는 것만으로도 우리는 레이저가 유도방출로 생성된다는 것과 레이저를 통해 빛을 증폭시킬 수 있다는 사실을 알 수 있다.

스포츠 경기를 볼 때 내가 응원하는 팀이 역전승을 거두거나 응원하는 선수가 세계신기록을 세우면 기분이 한껏 들뜨게 마련이다. 이렇게 기분이 들뜨면 우리는 환호성을 지른다. 그러고 나면 들떴던 기분이 약간 가라앉으며 평상시와 비슷한 상태로 돌아온다.

원자들도 비슷한 일을 한다. 원자는 빛을 흡수하면 들뜬상태가 되었다가 다시 빛을 내놓으면서 평범한 상태(바닥상태)로 돌아온다.

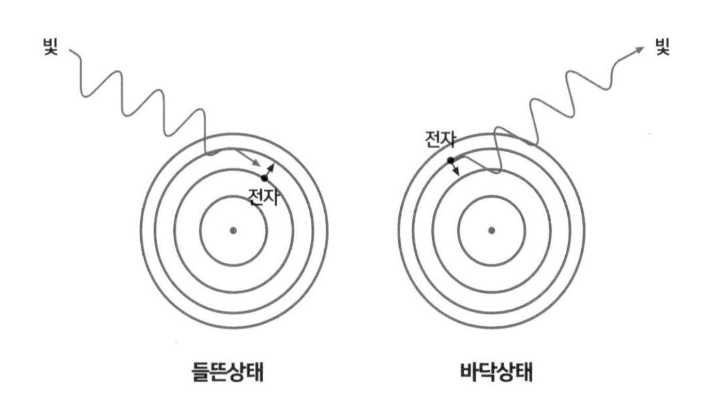

바닥상태의 원자가 빛을 흡수하면 들뜬상태(좌)가 되고
다시 빛을 방출하면 차분한 바닥상태(우)로 돌아온다.

이제 네 사람이 모여 TV로 스포츠 중계를 시청하는 상황을 상상해보자. 이들이 응원하는 팀의 선수가 좋은 플레이를 선보이며 득점을 올리기 일보 직전에 이른다. 그러자 친구 중 한 명이 벌떡 일어서서 악을 지른다. 이처럼 들뜬 마음을 표출하는 친구 때문에 다른 친구들도 들뜬 기분을 적극적으로 표현한다. 친구가 벌떡 일어서면 나도 따라 일어서게 되고 친구들이 소리를 치면 나도 소리를 치게 된다. 친구가 감정을 방출하는 바람에 나도 덩달아 감정을 방출하게 된 셈이니 '유도방출'이라는 이름을 붙여도 무방할 것이다.

마찬가지로 같은 공간 안의 고체, 액체, 기체 원자들이 한껏 들떠 있다면 한 원자가 내뱉은 빛이 다른 원자들로 하여금 빛을

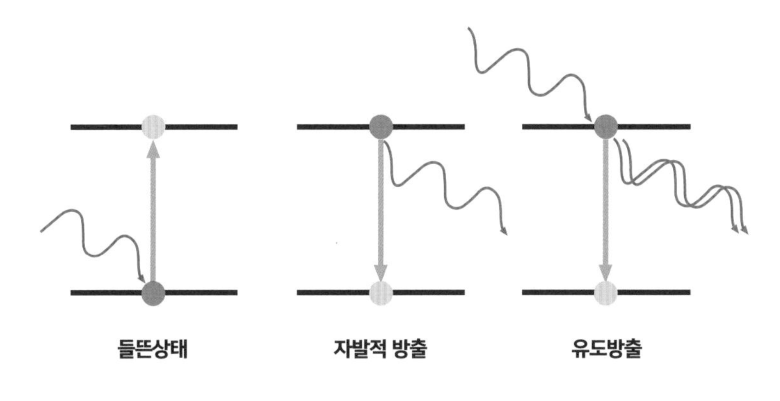

빛을 흡수해서 전자가 들뜨는 모습(좌), 자발적 방출(가운데),
들뜬상태의 원자가 빛에 자극받아서 빛을 방출하는 유도방출(우)

내놓게 만들 수 있다. 이와 같이 한 원자의 빛 방사가 다른 원자의 빛 방사를 이끌어 내는 것이 유도방출이다.

스포츠 중계를 보는 들뜬 사람들을 상대로 작은 자극만 주어도 커다란 반응을 이끌어 낼 수 있듯이, 들뜬상태의 원자로 가득 찬 공간에 자극을 가하면 커다란 빛을 얻어낼 수 있다. 이것이 유도방출을 통한 빛의 증폭이다. 유도방출을 통한 광 증폭은 한 공간에 있는 원자들 가운데 다수를 들뜨게 만들기 전에는 발생하지 않는다.

스포츠 중계를 시청하는 친구 중 두 명은 들떠 있고 두 명은 그렇지 않은 경우를 생각해보자. 들뜬 두 명이서 악을 지르다가도 나머지 두 명의 시큰둥한 반응 때문에 금방 열기가 사그라지게 된다. 마찬가지로 바닥상태의 원자가 들뜬상태의 원자보다 많을 경우에는 자극을 가해도 아무 일이 일어나지 않는다. 그래서 레이저 기술자들은 양쪽에 거울이 달린 길고 가느다란 원통에 특정한 고체나 액체, 기체를 넣고 에너지를 쪼여서 원자들이 한껏 들뜨게 만든다. 이러한 과정을 '레이저 펌핑'이라고 부른다.

유도방출을 통해 증폭된 빛은 다음과 같은 중요한 특성을 갖는다.

첫째, 레이저는 직진한다. 보통의 빛은 방사된 순간 넓게 퍼져버릴 뿐 직진하지 않는다. 하지만 레이저는 퍼지지 않고 똑바로 나아간다.

둘째, 레이저는 에너지 밀도가 높다. 단면적을 기준으로 삼았을 때 유도방출을 통해 증폭된 빛은 태양보다 에너지 밀도가 높다.

셋째, 레이저는 우리가 들뜨게 만든 물질이 무엇이냐에 따라 한 가지 파장의 빛만 낸다. 보통의 빛은 무지개 스펙트럼에 적외선, 자외선, 감마선과 마이크로파에 이르기까지 넓은 파장 영역으로 구성된다. 그러나 레이저는 적색이면 적색, 녹색이면 녹색이라는 아주 좁은 영역의 파장으로만 이루어진다.

넷째, 레이저는 결맞음Coherence이라 불리는 특징을 갖는다. 태양광이나 전등 불빛은 그 성질이 시시각각 제멋대로 변하지만 레이저는 언제나 똑같은 성질을 유지한다.

우리는 이러한 레이저의 네 가지 특성을 이용해서 아주 멋진 일들을 할 수 있다.

레이저의 기개

레이저는 물체에 부딪혀 굴절이 되는 한이 있더라도 항상 앞으로만 나아간다. 굴절될지언정 휘거나 퍼지지 않는 기개 때문에 레이저는 빛의 속도로 거리를 측정할 수 있는 도구가 된다.

앞서 우리는 자율주행 기술 가운데 가장 낮은 단계인 1단계 자율주행 기술에 해당하는 어댑티브 크루즈 컨트롤 시스템에 대해 살펴본 바 있다. 이는 앞차와의 안전거리를 자동으로 유지하며 속도를 조절해주는 시스템으로 2015년경부터 다양한 차종이 어댑티브 크루즈 컨트롤을 지원하고 있다. 이처럼 자율주행 기술의 기본 중의 기본은 차간거리를 측정하는 기술, 다시 말해 빠르게 차량 주변의 환경을 파악하고 다른 물체와의 거리를 측정하는 기술이다.

현재 이 역할을 수행하는 센서 기술의 주역이 바로 레이저를 활용한 거리 감지 센서인 라이다Light Detecting And Ranging다. 라이다는 빛으로 감지하고 거리를 측정함을 의미하는데, 여기에 쓰이는 빛은 반드시 직진성을 띠어야 한다. 그래야만 쏘아 보낸 빛이 물체에 반사되어 돌아오는 시간을 측정해 물체와의 거리를 정확하게 계산할 수 있기 때문이다.

600~1000나노미터 파장의 레이저를 빙글빙글 회전시키며 쏘아 보내면 우리가 탑승한 차량과 사방의 물체가 어느 정도

라이다 센서를 사용하는 구글 와이모 자율주행차. 차량 상단의 경광등처럼 생긴 부분에서 레이저가 발사되어 360도를 주시한다. 오늘날 자율주행차에 쓰이는 센서 기술로는 와이모처럼 라이다를 사용하는 방식과 테슬라 모터스처럼 형상 인식 인공지능 및 카메라를 사용하는 방식이 경쟁하고 있다. 양쪽 다 아직 개발 중인 기술들이므로 이 책에서 두 기술의 장단점을 논하기는 힘들다.

거리를 두고 있는지 순식간에 파악할 수 있다. 사람이 전후좌우를 힐끔거리며 판단하는 거리감보다 훨씬 빠르고 정확하다. 백미러에 비친 물체는 보이는 것보다 더 가깝다고도 하지 않나. 사람이 파악하는 물체 간의 거리에는 오류가 있게 마련이지만, 라이다는 물체 간 거리뿐만 아니라 그 거리가 어떤 속도로 변화하고 있는지까지 순식간에 정확히 알아낸다. 사람이 운전하는 자동차보다 자율주행차가 더욱 안전할 수 있는 것은 우리에게 라이다 센서가 있기 때문이다.

레이저는 이처럼 물체 간의 거리를 파악하는 능력이 뛰어나기 때문에 자율주행 기술 외에도 다양한 분야에 적용할 수 있다. 거리 파악 능력을 십분 활용함으로써 3차원 공간의 구조를 알아내는 데에도 유용하다.

영화 〈프로메테우스〉(2012)를 보면 다음과 같은 장면이 나온다. 인류의 기원을 밝히고자 외계 행성을 찾아간 과학자들과 기술자들은 외계인이 만든 거대 구조물을 발견하고 그 내부를 탐사한다. 이때 기술자 한 명이 가방에서 공처럼 생긴 물건들을 꺼내며 이렇게 말한다.

"살펴볼 가치가 있는 것들은 이 강아지들이 찾아낼 거야."

그가 꺼내 든 공들은 레이저 스캐너 드론이었다. 추진부가 눈에 띄지 않는 공 모양의 드론이 하늘을 날아다니게 만드는 쪽이 더 고차원적인 기술인 듯도 싶지만, 어쨌든 영화에서는 드론들이 외계 구조물 안을 빠른 속도로 날아다니며 온전한 3차원 스캔 이미지를 완성해 낸다.

오늘날 3차원 레이저 스캔 기술은 이미 〈프로메테우스〉에 나온 것과 유사한 성능을 발휘하고 있다. 내셔널지오그래픽 채널에서 방송하는 〈알버트 린의 잃어버린 도시〉라는 프로그램을 보면 드론에 라이다 스캐너를 매달아 정글과 흙에 파묻힌 도시를 찾는다. 라이다 스캐너는 넓은 지역의 지형지물을 정확히 파악해 자연에 잠식당한 옛사람들의 도로와 집터를 찾아내고 땅에 묻힌 구조물의 단서를 제공한다. 라이다가 만든 스캔 그래픽

연기를 피워 화재 상황과 비슷한 환경을 만들고 소방 안전용 라이다의 성능을 시험해보았다. 라이다를 작동시키자 자욱한 연기에 가려진 건물 내부를 영상으로 확인할 수 있었다. 모니터로 구조 대상의 위치를 확인한 소방관은 연기를 뚫고 인명을 구하는 데 성공했다. 연기 투과율이 높은 레이저를 사용해 내부 상황을 명료하게 파악한 덕분이다.

을 연구하며 의심스러운 곳을 찾아가면 지금껏 파악하지 못했던 선조들의 흔적이 드러나곤 한다.

또한 라이다는 장차 소방관들에게 큰 도움을 줄 기술이기도 하다. 화재가 진압된 후 짙은 연기로 가득 찬 건물 내부도 라이다라면 꿰뚫어 볼 수 있다. 핵심은 건물 안이 연기로 자욱할 때 라이다가 발사하는 레이저가 이를 뚫고 정상적으로 작동할 수 있는지다. 반경 10미터정도만 확인 가능하다 해도 소방관들이 활동하는 데 커다란 도움을 줄 수 있다. 일반적인 라이다에 쓰이는 것보다 파장을 길게 만든 레이저를 활용하면 그 정도 성능을 확보할 수 있다.

연기와 에어로졸에 부딪히면 산란된다는 레이저의 단점을 역이용하는 방법도 있다. 레이저로 대기오염 정도를 측정하는 것이다. 과거에는 대기 질을 측정하려면 일정 기간을 두고 공기를 포집해 성분을 분석했다. 오늘날에는 레이저를 활용해 지속적으로 어떤 종류의 에어로졸이 대기에 얼마나 섞여 있는지 알아낼 수 있다.

우리나라의 국제환경연구소는 한반도 상공에 유입된 아프리카 화산재를 처음으로 관측하고 분포 양상과 특성을 분석하는 데 성공한 바 있다. 지난 2011년 6월 12일 아프리카에 있는 나브로 화산이 폭발했을 때의 일이다.

화산폭발지수 4에 해당하는 대형 분화로 대량의 화산재와 용암이 분출되었다. 그로부터 7일 뒤, 한반도 상공의 대기에서도 같은 종류의 화산재가 관측됐다. 대기권 상공에 2킬로미터 두께로 분포하던 화산재는 대기의 흐름에 따라 2개월 뒤 9킬로미터 두께로 확산됐고 8월 중순을 넘기고서야 감소 추세를 보였다. 기후변화에 큰 영향을 미치는 화산재가 대기 중에 얼마나 오래 머무르는지를 확인할 수 있었던 중요한 연구 결과였다.

다양한 거리 측정 외에 레이저의 직진성을 활용하는 또 다른 응용 분야로 레이저 통신을 들 수 있다. 〈기동전사 건담〉 애니메이션 시리즈를 보면 오퍼레이터들이 "적함에서 타이트 빔 메

오늘날에는 레이저를 활용해 지속적으로 어떤 종류의 에어로졸이 대기에 얼마나 섞여 있는지 알아낼 수 있다. 기후변화에 큰 영향을 주는 화산재가 대기 중에 얼마나 오래 머무르고 어떤 식으로 이동하는지도 레이저를 통해 밝혀낼 수 있다.

시지 송신"이라고 보고하는 장면이 자주 나온다. 이 말은 우리가 빛을 이용해서 통신을 할 수 있다는 뜻인데, 오늘날 개발되고 있는 우주 광통신 기술을 살펴보면 원리는 그리 복잡하지 않다.

우주 공간에서는 레이저가 수증기나 눈, 비와 같은 기상 현상의 영향으로 산란되는 일 없이 먼 거리를 직진할 수 있다. 무한한 거리를 빛의 속도로 똑바로 날아가는 레이저에 데이터를 실어 보내면 우주의 심연을 건너 쌍방향 통신이 가능하다. 지상에서 빛의 속도로 정보를 주고받기 위해서는 막대한 규모의 광케이블 네트워크가 필요하지만 우주에서는 그저 진공에 레이저를 쏘기만 하면 된다.

레이저의 직진성을 이용하는 다른 응용 분야 가운데 하나는 군용 레이저이다. 오늘날 활용되는 군용 레이저는 적의 미사일이나 전차를 맞혀 파괴하기 위한 것이 아니다. 사실 지구의 대기 환경에서는 먼 거리까지 레이저를 쏘는 일 자체가 거의 불가능하다. 대기 중에는 수증기, 구름, 안개, 먼지와 같은 요소가 많다. 때로는 비가 오고 눈이 내리기도 한다. 이런 요소들은 전부 레이저를 산란시키는 역할을 하므로 레이저의 뛰어난 직진성과 높은 에너지 밀도를 활용하기가 어렵다.

이와 같은 난반사 문제를 해결할 획기적인 원리는 오늘날까지 개발되지 않았다. 다만 하늘이 맑을 경우에 어느 정도의 성능을 발휘하는 레이저 대공 병기가 미국을 중심으로 연구되고 있기는 하다.

대기 중에서의 산란 문제 때문에 아직 목표물을 직접 녹이고 자르고 증발시킬 만큼 강력한 레이저를 지상에서 운용할 수는 없다. 하지만 레이저의 직진성을 이용해 이를 광학 센서로 활용하는 병기는 이미 상당수 존재한다. 오늘날 실전에서 사용되는 미사일을 비롯한 각종 탐지 장비에는 레이저 센서가 부착되어 목표물을 탐지하고 추적하는 역할을 담당한다. 특히 대기 중 산란의 영향을 적게 받는 근거리 장비의 경우에 활용도가 높다.

미군이 개발해 사용하고 있는 휴대용 레이저 목표 지시기는 군사용 근거리 레이저 기술의 대표적인 사례다. 지상 병력이 작전 중 타격해야 할 대상을 발견하면 휴대용 레이저 목표 지시기를 꺼내 목표물을 향해 레이저를 쏜다. 그러면 공군이나 해군에서 발사한 미사일이 그 신호를 포착해 민간인이나 민간 시설, 또는 근거리에서 적과 교전 중인 아군을 피해 정확히 목표물을 타격할 수 있다.

이런 장면을 잘 묘사한 영화로 〈월드 인베이젼〉(2011)을 들 수 있다. 영화에서는 느닷없이 외계인이 지구를 침공해 로스앤젤레스를 점령한다. 외계인에게 반격을 가하기 위해서는 그들의 중앙 통신기지를 파괴해야 하는데, 단순한 포격으로는 외계인의 방어선을 뚫을 수 없기에 정밀한 미사일 타격을 해야 한다. 미군 사령부에서는 통신기지에 근접한 주인공의 부대에 레이저 목표 지시기로 타격 지점을 '페인트칠' 하도록 지시한다. 절체절명의 상황에서도 임무를 포기하지 않은 주인공들은 우여곡

절 끝에 적 통신기지에 접근해 우리 주변에서 흔히 볼 수 있는 빔 프로젝터처럼 생긴 지시기로 적의 심장부를 겨냥한다. 이윽고 아군의 미사일이 적의 통신기지를 정확히 타격하면서 인류의 역습이 시작된다.

태양보다 뜨거운

유도방출을 통해 증폭시킨 빛인 레이저는 강력하다. 로널드 레이건과 같은 문외한이 대충 설명을 듣고서 "그래? 그럼 그걸로 핵미사일을 격추하면 되겠네"라고 말할 만큼 강력하다. 만약 우리에게 휴대용 고출력 레이저 발사기가 있다면 두 쪽으로 쪼개진 선박을 순식간에 용접하거나 거꾸로 적의 전차와 비행기를 두 쪽으로 쪼개놓을 수도 있다.

레이저의 직진성과 높은 에너지 밀도를 이용하면 여러 가지 대단한 일들을 할 수 있다. 강력한 에너지를 미세한 영역에 집중적으로 가할 수 있기 때문이다. 이를 활용한 레이저 커팅 기술은 1960년대에 처음 개발된 후로 꾸준히 발전해왔다.

레이저는 커터를 커팅하는 커터다. 레이저가 등장하기 이전에 인간이 사용한 가장 강력한 공업용 커터는 다이아몬드였다. 어떤 물질을 자르려면 그보다 더 단단한 물질을 사용해야 한다. 다이아몬드는 지구상에서 가장 단단한 물질이기에 세상 모

레이저는 다이아몬드와
금속을 자를 수 있는 빛이다.

든 것을 자를 수 있다. 금속을 가공해서 제작한 기계와 제품 중에는 다이아몬드를 이용해 자르고 깎아 만든 것이 많다. 지구상에서 생산되는 모든 다이아몬드 가운데 보석으로 가공되어 유통되는 것은 일부에 불과하며, 공업용 커터로 쓰이는 다이아몬드의 비중이 80퍼센트 이상을 차지한다.

다이아몬드를 금속 가공 용도로 쓰려면 커터로 사용하기에 적합한 형태를 취해야 할 것이다. 하지만 다이아몬드는 자연이 우리에게 주는 것이므로 처음부터 우리가 원하는 모양을 하고 있을 리가 없다. 다른 모든 것을 자를 수 있되 무엇으로도 잘리지 않는 다이아몬드를 잘라낼 수 있는 것이 바로 레이저다. 레이저의 초점에 모이는 강력한 에너지를 이용해 우리는 지상에서 가장 단단한 물질인 다이아몬드의 분자 연결을 불사를 수 있다.

고출력 레이저 커터에 쓰이는 레이저는 이트륨-알루미늄-가넷 레이저다. 반면에 일반적인 레이저 커터에 쓰이는 레이저는 주로 이산화탄소 레이저다. 우리 주변에 넘쳐나고 우리가 숨을 내쉴 때마다 배출되고 지구 온난화의 원인이 된다는 그 이산화탄소 원자들을 들뜨게 하면 레이저를 생성할 수 있다. 이산화탄소처럼 평범하고 흔한 물질이 무엇이든 자를 수 있는 '광선검'을 만들어 낸다니 정말 멋진 일이 아닐 수 없다.

레이저만이 할 수 있는 커팅 작업은 또 있다. 바로 생체 조직을 자르는 것이다. 고출력 에너지를 미세한 지점에 집중시킬 수 있다는 장점 때문에 사람들은 레이저로 얼굴의 단점을 지우곤 한다. 레이저 빔을 만드는 데 많은 에너지가 투입되기에 레이저 시술은 비용이 비싸다. 하지만 레이저 시술이 갖는 뚜렷한 장점들 때문에 우리는 이미 몸의 다양한 조직을 레이저로 자르고 지지고 봉합하고 있다.

메스로 살을 가르는 것과 레이저로 가르는 것의 차이는 매우 크다. 아무리 작은 혹일지라도 이를 뗄 때에는 피부를 갈라야 한다. 갈라놓은 피부가 붙는 데에만 한 달 가까운 시간이 걸린다. 메스는 첨단 공학 기술을 동원해 얇고 날카롭게 만든 수술 도구이지만 빛에는 비할 바가 못 된다. 레이저는 환부를 정교하고 미세하게 가를 수 있고 혈관이나 신경의 말단을 용접해주는 효과도 있다. 메스를 사용했을 때와 레이저를 사용했을 때 수술 후 회복 기간의 차이가 발생하고 레이저를 사용하는 편이 훨씬 덜 아픈 것은 이런 이유에서다.

레이저는 환부를 가를 때뿐만 아니라 암세포를 불태우고 결석을 파괴하는 데도 쓰인다. 특히 신장결석을 분쇄할 때에는 가느다란 관을 주입해 그 끝에서 태양의 빛을 쏴 결석을 분쇄하는데, 멋모르는 일반인의 눈에는 마법처럼 보일 지경이다.

이처럼 직진성과 고에너지성을 갖춘 레이저는 금속이나 나무 등 손길이 닿는 모든 것을 예술의 경지로 깎아 낼 수 있다. 심지어는 우리가 먹는 김까지도 예술 작품으로 만드는 일이 가능하다.

2011년 일본에서는 도호쿠 대지진에 뒤이은 쓰나미로 센다이 원전에서 방사능이 유출되는 사고가 발생했다. 동아시아 사람들의 머리카락이 쭈뼛 서게 만든 이 사고 때문에 일본의 해산물 소비는 급격히 줄어들었다. 일본 어업에 괴멸적인 타격을 주었다는 평이 지배적이었고, 당시 총리였던 아베 신조까지 나서서 해산물 먹방을 찍기도 했지만 별 효과가 없었다.

이에 일본의 한 해산물 유통업체에서 '디자인 노리'라는 브랜드를 출범시켰다. 외면받는 해조류의 판매를 늘리기 위해 김에 레이저로 디자인을 넣었던 것이다. 삼베와 물방울, 거북 등을 표현한 기하학적인 무늬부터 바람에 흩날리는 벚꽃 잎에 이르기까지 일본인에게 친숙한 전통 문양을 재해석해 정교하게 새겨 넣은 이 상품은 오래도록 인기를 끌며 비싼 가격에 판매되었다. 세계 최고 권위의 광고제인 클리오 광고제에서 디자인 부문 상을 수상하기도 했다.

김은 두께가 채 1밀리미터도 되지 않아 그 위에 공예를 하려고 들었다가는 바삭바삭 부스러지기 일쑤다. 이러한 특성을 지닌 소재에 미세한 문양을 정교하게 아로새길 수 있는 도구는 레이저뿐이다. 데이터를 저장해놓으면 늘 동일한 품질로 똑같은 모양을 만들 수 있다는 것도 강점이다.

끝으로 레이저의 고밀도 에너지를 최대한으로 이용하는 미래 기술 한 가지를 소개하고자 한다. 다름 아닌 레이저를 활용한

디자인 노리의
레이저 김 공예

핵융합이다. 오늘날 우리 주변에 존재하는 핵 발전소들은 원자핵이 쪼개질 때 발생하는 막대한 에너지를 활용하는 핵분열 발전소이다. 핵분열과 달리 핵융합은 원자핵이 합쳐질 때 발생하는 에너지를 활용한다. 이 과정에서 엄청난 온도와 압력을 필요로 하지만 핵분열보다 더 큰 에너지를 얻을 수 있고 핵폐기물은 덜 발생시킨다.

핵융합 부문에서도 우리는 여전히 엔트로피에 열세인 상황이다. 핵융합 반응을 일으킬 수는 있지만 이를 위해서는 핵융합으로 얻을 수 있는 에너지보다 더 큰 에너지를 투입해야 한다.

우리에게 가장 친숙한 핵융합 발전소는 다름 아닌 태양이다. 거꾸로 말하면 핵융합 반응을 이끌어 내기 위해서는 지구 질량의 30만 배가 넘는 질량으로 헬륨을 짓눌러야 한다. 현재로서는 인류가 보유한 모든 과학 기술과 자원을 총동원해 핵융합을 일으킨다 해도 그 결과로 얻을 수 있는 에너지가 너무 적고 핵융합 반응이 안정적으로 지속되도록 통제할 방법도 마땅치 않다.

이러한 상황에 대한 타개책으로 주목받는 것이 바로 레이저 기술이다. 레이저를 이용하면 미세한 영역에 막대한 에너지를 집중시킬 수 있다. 석탄이나 석유를 태워 물체를 가열하거나 전기를 흘려 에너지를 주입하는 방식과 달리 레이저는 마이크로미터 단위의 면적에 페타와트(메가와트의 10억 배. 와트로 환산하면 1000조 와트) 단위의 에너지를 가할 수 있다. 커다란 불을 일으키기 위해 부싯돌로 불씨를 만들듯이 이 정도 규모로 압축된 에

오사카대학교 레이저과학연구소의 고출력 레이저 '격광 12호'.
2페타와트의 에너지를 한 지점에 집중시킬 수 있다.

너지는 핵융합 반응을 촉발하기에 충분하다.

물론 페타와트 단위의 레이저를 만드는 일은 결코 쉽지 않다. 오늘날 그처럼 강력한 레이저를 만들기 위해 사용하는 방법은 레이저 증폭 장치를 길게 연결해서 여러 차례에 걸쳐 빛을 증폭시키는 것이다. 현존하는 세계 최강의 레이저는 유럽연합 고레이저연구소에 있는 4호기 ATON이다. ATON은 10페타와트의 에너지를 한 점에 집중시켜 작은 태양을 만들어 낼 수 있다.

실제로 레이저를 활용한 핵융합을 연구하는 곳으로는 미국의 국립핵융합시설연구소와 일본의 오사카대학교 레이저과학연구소가 유명하다. 이들 시설에서는 고체 핵융합 연료를 목표물로 설정하고 강력한 레이저를 조사해 이를 폭발시킨다. 고체 연료가 레이저를 쬐어 폭발하면 내부의 물질들은 그 반작용으로 중심점을 향해 시속 수백 킬로미터로 운동하게 된다. 이때 생겨나는 막대한 운동에너지를 이용해 핵과 핵이 서로를 밀어내는 힘을 상쇄하고 핵융합 반응을 일으킬 수 있다.

단색이기에 가능한 일

레이저가 단색이라는 점, 즉 아주 좁은 범위의 파장만으로 이루어진다는 점 역시 특별한 의미를 갖는다. 세상의 모든 물질은 각기 고유한 파장의 빛을 흡수하거나 반사한다. 이 때문에 광물의 색이 저마다 다르고 동물들의 살색과 털빛이 다르며 옷을 아름답게 날염하고 멋진 그림을 그릴 수 있는 것이다.

거꾸로 어떤 물질에 특정한 색의 염료를 입히면 이 물질이 특정 파장의 빛은 흡수하고 다른 파장의 빛은 반사하도록 만들 수 있다. 검은색은 가시광선 파장 영역의 모든 빛을 흡수하기 때문에 검은색이다. 검은 옷을 입고 여름철 햇빛에 노출된 상태로 있으면 쏟아지는 빛을 옷이 다 흡수할 테니 건강에 좋을 리가 없다. 한편 흰색은 검은색과 반대로 가시광선 영역 내 대부분의 빛을 반사한다. 그러므로 모든 파장대가 갖추어진 가시광선의 온전한 색깔인 흰색으로 우리 눈에 비치는 것이다. 사막에서 활동하는 사람들은 흰색 옷을 선호하고 우주복 또한 흰색 위주로 제작된다.

특정한 색상의 물질은 특정한 파장의 빛을 흡수하거나 반사한다는 사실, 그리고 레이저는 아주 좁은 영역의 파장으로만 구성된다는 사실을 조합하면 레이저의 놀라운 응용 분야 한 가지를 도출해 낼 수 있다. 만약 우리 몸속의 세포 가운데 일부 세포만을 골라서 색을 칠할 수 있다면 우리는 해당 색상에만 흡수되는 특정한 파장의 레이저를 이용해 색칠한 세포만 선택적으로 불사를 수 있다. 다른 조직은 건드리지 않은 채 암세포와 종양을 불태우고 세균을 말살할 수 있는 것이다.

이는 레이저 기술의 발전만으로 도달할 수 있는 경지가 아니다. 앞으로 살펴볼 나노 기술이 뒷받침되어야 구현 가능한 기술이다. 인체에 투입했을 때 특정 세포만 착색하는 나노 물질을 만드는 연구는 이미 활발히 진행되고 있다. 나노 착색 물질의 안전성만 확보할 수 있다면 우리는 수술 없이 빛으로 병변을 치료할 수 있는 시대를 맞이하게 될 것이다.

또한 2019년에는 암세포가 가진 본연의 색상을 이용해 암의 진행 단계를 진단하고 항암 치료의 효과를 추적하는 방법이 개발되었다. 아칸소 대학의 블라디미르 자로프가 레이저 기술과 초음파 기술을 융합해 피부암에 적용할 수 있는 놀라운 진단 기법을 만든 것이다.

암은 자라나기만 하는 게 아니라 혈관을 통해 온몸으로 암세포를 퍼뜨린다. 혈관을 따라 이동하는 암세포가 있는지, 그 양이 얼마나 되는지 알아내는 일이 암과 싸우는 환자와 의사에게는 더없이 중요하다. 정기적으로 혈액의 내용물을 분석해야 하기에 고통스러운 침습적 절차를 피해 갈 수도 없다. 적어도 현재로서는 그렇다.

블라디미르 자로프가 개발한 진단 기법은 피부 표면을 건드리지 않고 혈관 안의 암세포를 포착해 낸다. 이는 그가 탐지 대상으로 삼은 암이 피부암이기에 가능한 일이다. 피부암은 우리 피부에 분포한 멜라닌 색소가 자외선에 노출되거나 해서 암세포로 변한 것이다. 멜라닌 색소는 사람의 머리카락을 검게 만드는 색소인데, 멜라닌 색소가 변이를 일으켜 형성된 피부암 세포 또한 검은색을 띤다는 특징을 갖고 있다. 그러므로 자연히 다양한 파장의 빛을 잘 흡수한다.

혈관이 지나가는 피부 위로 저출력 레이저를 조사하면 레이저가 살을 태우지 않고 그대로 투과해 혈관 속을 비춘다. 다른 세포들, 특히 적혈구들은 이에 별다른 영향을 받지 않지만 빛을 잘 흡수하는 피부암 세포는 레이저를 쬐면 미세하게 온도가 오른다. 암세포가 열을 받아 온도가 상승하면 그로부터 희미한 소리가 흘러나온다. 세포가 팽창하면서 내는 초음파다. 이제 남은 일은 초음파 측정기를 통해 이 소리를 감지하는 것뿐이다.

이는 레이저와 초음파 탐지 기법, 그리고 우리가 각종 암에 대해 축적한 지식을 융합해 만들어 낸 놀라운 진단 기법이다. 미래 기술이 융합적으로 발전한다는 말이 무슨 뜻인지 이해하기 어려울 때에는 자로프 피부암 진단 기법을 떠올려보자.

환상적인 결맞음

레이저로 결이 맞는 빛을 만들 수 있다는 사실은 각별히 근사한 의미를 갖는다. 이러한 성질을 이용해 홀로그램을 만들 수 있기 때문이다. 홀로그램은 인간의 욕망과 기술 발전이 어떤 식으로 얽히고설켜 있는지를 극적인 방식으로 드러내 보여주는 개념이다.

레이저는 항상 일정한 성질을 확보할 수 있는 빛이다. 빛의 성질이 일정하면 빛끼리 서로 간섭하며 그려 내는 간섭무늬도 일정하고, 역으로 간섭무늬를 이용해 원래의 빛을 재현하는 일도 가능하다. 이 원리를 응용하면 평면 위의 간섭무늬에 물체의 3차원 이미지 정보를 담을 수 있다.

홀로그램은 원래 이처럼 2차원 공간인 평면에 3차원 정보를 기록하는 기술을 가리키는 말이다. 신용카드 뒷면에 위조 방지를 위해 부착되어 있는 반짝반짝한 스티커 같은 것이 우리가 일상 속에서 접할 수 있는 홀로그램의 대표적인 예이고, 보드게임의 전설인 〈매직: 더 개더링〉의 홀로그램 카드는 환상적인 홀로그램으로 이루어져 있다. 하지만 우리는 더 이상 이런 홀로그램을 홀로그램으로 취급하지 않는다.

사람들이 홀로그램이라는 개념을 접하고 어떤 꿈과 욕망을 품게 되었는지 영화 〈스타워즈〉를 통해 살펴보자. 주인공 루크 스카이워커가 아무리 봐도 고철 덩어리로밖에 보이지 않는 R2-D2에게 역정을 내며 머리를 쾅 내리치자 갑자기 로봇에서 빛이 발사되어 움직이는 여성의 3차원 이미지를 허공에 만들어 낸다. "도와줘요, 오비완 케노비. 당신이 유일한 희망이에요." 또한 주인공들이 타고 다니는 우주선 팔콘호에는 빛으로 만든 3차원 체스 말을 사용하는 '홀로그램 체스'가 탑재되어 있다.

〈스타워즈〉 이후로 사람들이 줄곧 꿈꿔온 홀로그램은 이와 같은 증강현실 홀로그램이다. 이러한 열망은 최근 제작된 〈스파이더맨: 파프롬 홈〉까지 이어진다. 이 영화에 등장하는 증강현실 홀로그램 악당인 미스테리오가 세상을 속여먹는 데 사용한 핵심 기술은 허공에 이미지를 투영하는 홀로그램 프로젝터였다.

즉, 홀로그램 기술은 대중의 선망과 판타지에 따라 발전하는 것을 뛰어넘어 아예 그 의미까지 강탈당한 셈이다. 이제 사람들에게 신용카드 뒷면이나 〈매직: 더 개더링〉의 홀로그램 카드를 보여주면 코웃음을 친다. "그런 장난감 같은 게 무슨 홀로그램이에요?" 사람들은 오히려 학자들이 "그건 홀로그램이 아니에요"라고 말하는 유사 홀로그램 기술들이야말로 진짜 홀로그램이라고 여긴다.

이를테면 프로젝터와 반사를 이용해 구현한 유사 홀로그램

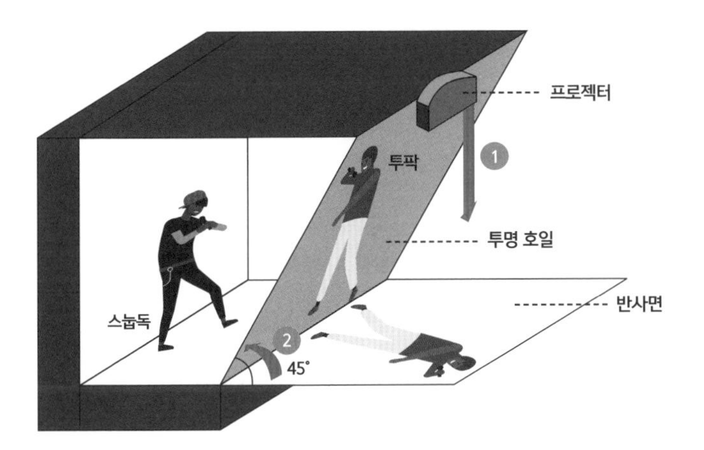

무대 위에 있는 두 사람 가운데 왼쪽이 스눕독이고 오른쪽이 투팍이다. 이 무대는 다음과 같은 방식으로 구현되었다. 먼저 투팍의 신체 역할을 맡을 무용가를 초빙해 홀로그램 투팍이 공연에서 보여줄 움직임을 촬영한다. 그러고 나서 현대 디지털 영상 기술의 마법을 활용해 무용가의 얼굴을 투팍으로 바꾼다. 프로젝터를 이용해 이 영상을 공연장 천장에서 바닥을 향해 쏘면, 공연장 바닥에서 반사된 영상이 지면과 비스듬하게 설치된 투명한 플라스틱 막에 투영된다. 이 막 뒤에 있는 공연자들은 막에 비치는 이미지를 보며 홀로그램 투팍이 곁에 서 있는 것처럼 행동할 수 있다.

공연이 '홀로그램 공연'이라는 이름으로 많은 이들의 시선을 사로잡고 있다. 2012년 코찰라 뮤직 페스티벌에서 스눕독과 투팍이 공연한 무대가 이 기술을 사용해 제작되었다(플로팅 홀로그램 혹은 페퍼스 고스트라고도 불리는 방식이다). 두 사람 가운데 투팍은 1996년에 25살의 나이로 총에 맞아 사망한 래퍼다.

2006년 그래미 어워드에서 실물 마돈나와 '홀로그램' 고릴라즈가 펼쳤던 공연과 2014년 빌보드 뮤직 어워드의 마이클 잭슨 공연에서도 동일한 기술이 사용되었다. 마이클 잭슨은 죽은 지 10년이 넘은 2020년까지도 유사 홀로그램 기술로 월드 투어를 이어나가고 있다.

모바일 기기를 이용해 현실 세계의 실시간 이미지 위에 정보를 덧씌워주는 증강현실 어플리케이션도 개발되고 있다.

마이클 잭슨은 죽은 지 10년이 넘은 2020년까지도
유사 홀로그램 기술로 월드 투어를 이어나가고 있다.

2014년 빌보드 뮤직 어워드의 마이클 잭슨 공연

3차원 증강현실에 대한 사람들의 열망에 부응해 2019년 현대자동차는 신개념 '홀로그램' 내비게이션을 선보인 바 있다. 차량 앞 유리에 내비게이션 상이 맺히도록 함으로써 운전을 하다가 내비게이션을 흘끗거릴 필요가 없기에 편리하고 사고 위험도 줄일 수 있다. 최근 들어 다양한 증강현실 여행 가이드 어플리케이션들이 개발되고 구글 글래스와 아마존 글래스의 개발 또한 꾸준히 이루어지고 있는 것도 증강현실 홀로그램에 대한 우리의 열망 때문이다.

이처럼 인간의 욕망과 공학 기술은 복잡한 관계를 맺고 있다. 레이저 기술이 등장하자 과학자들은 레이저의 다양한 성질을 활용해 여러 가지 실용적인 기술을 개발했다. 레이저는 자율

2019년부터 발행하기 시작한 100유로 신권에는
위조 방지를 위해 다양한 홀로그램 보안 기술이 적용되었다.

주행 기술, 3차원 스캐닝 및 탐사 기술, 우주통신 기술, 의료 기술, 핵융합 기술, 홀로그램 보안 기술과 데이터 저장 기술 등에 두루 적용되어 거대한 변화의 흐름을 만들어나가고 있다. 3D 프린팅 기술에 레이저가 이용된다는 사실 또한 빼먹어서는 안 될 것이다. 레이저는 우리가 각종 물건을 만들고 몸 구석구석을 치료할 때 쓰는 미래의 기본 연장이다.

과학자들이 레이저의 다양한 용도를 밝혀내자 그로부터 우리의 상상과 꿈이 전개되었다. 레이저가 빚어낸 홀로그램 기술은 증강현실에 대한 꿈과 욕망을 촉발시켜 새로운 미래 기술 분야가 열리도록 만들었다. 인류의 소망과 기술의 발전이 빚어내는 현란한 춤사위가 또 어떤 새로운 것들을 탄생시킬지 기대되는 이유다.

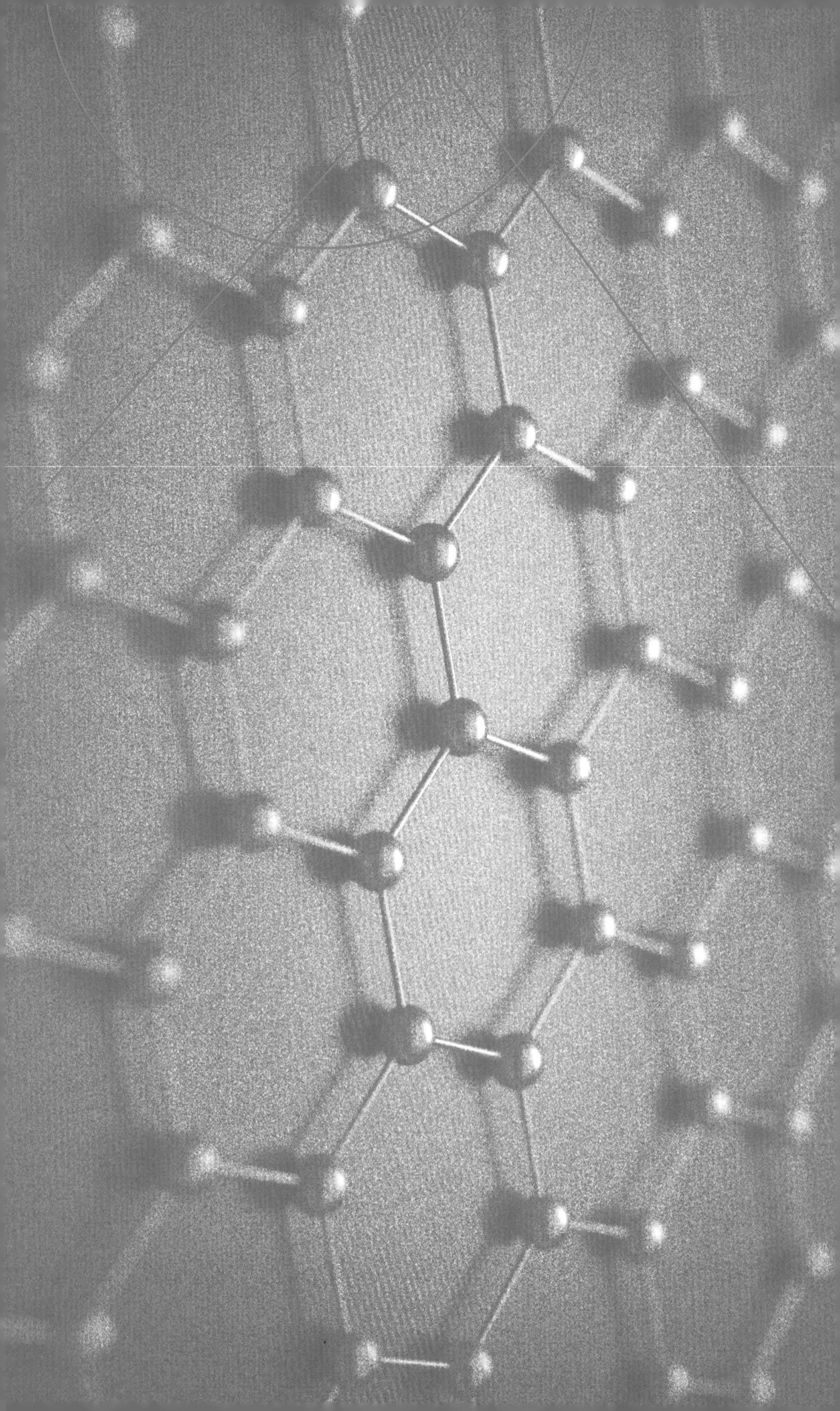

CHAPTER 6

나노 로봇

아주 작은 과학의 탄생

"외과 의사를 삼키는 겁니다."

과학적 상상력으로 충만했던 위대한 물리학자 리처드 파인만이 한 말이다. 파인만은 세상 모든 것을 보다 작게 만드는 기술에 관심이 많았다. 전자 부품도 더 작게, 기계도 더 작게. 모든 것을 아주 작게 만들면 작은 기계로 원자들을 직접 조작해 화학 반응을 일으킬 수 있고, 양자 세계의 역동을 직접 관찰할 수 있고, 손상된 세포를 치료하는 작은 외과 의사 로봇을 삼킬 수도 있으리라는 것이었다.

파인만이 이런 구상을 털어놓은 것이 1959년의 일이다. 당시 사람들은 대체로 시큰둥했다. 파인만의 아이디어를 뒷받침할 기술들이 아직 구현되지 않아 너무 먼 세상 이야기로 여겨졌기 때문이다. 하지만 1980년대에 접어들어 주사형 터널 현미경이 개발되고 본격적으로 나노 세계를 관찰하고 원자의 세계에 관여할 수 있게 되자, 사람들은 다시 파인만의 강연록을 꺼내 읽기 시작했다. 1990년대 초반 나노 기술의 기본 소재 가운데 하나인 탄소 나노튜브가 개발된 후로는 "나노 기술이 미래를 바꿀 것이다"라는 말 또한 여기저기서 들려오게 되었다.

오래전 파인만이 구상한 '삼키는 외과 의사 로봇'은 나노 기술의 발전과 더불어 어느덧 손에 잡힐 듯한 현실로 다가왔다. 나노 기술을 연구 중인 여러 국가 및 연구 기관에서 2030년경에는 나노 전자 기기를 만들 수 있을 거라고 전망하고 있으니 말이다. 리처드 파인만은 기본 소재조차 개발되지 않았던 시기에 과학적 상상력을 발휘해 나노 기술이라는 미래 기술 분야를 제안했다. 이에 오늘날의 학자들은 각종 나노 물질을 개발하고 나노 기술의 다양한 응용 분야를 개척해나가고 있다.

세상에서 가장 작은 기술

기술상의 어떤 부분에든지 나노 단위가 들어가는 것은 모두 나노 기술이라고 할 수 있다. 현재 상용 중인 대표적인 나노 기술로 반도체 가공 기술이 있다. 오늘날의 반도체 기술은 몇 센티미터 크기의 칩에 수십억 개의 트랜지스터를 그려

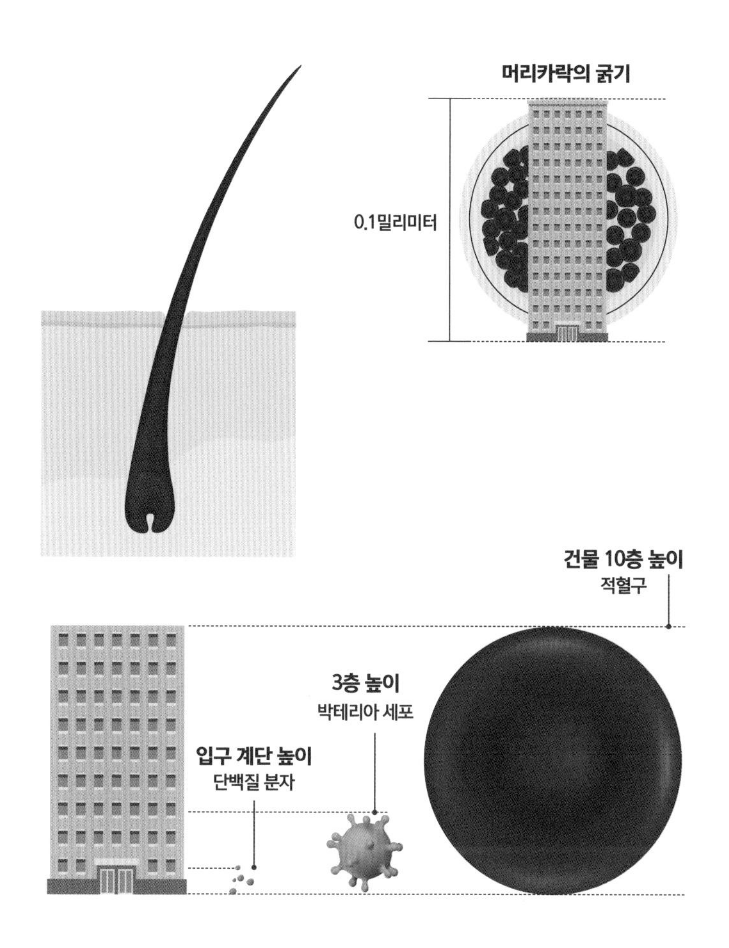

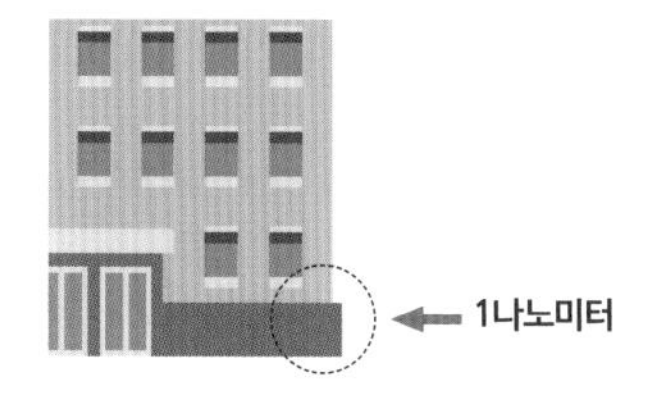

사람 머리카락의 평균 굵기인 0.1밀리미터를 102층 높이의 건물이라고 가정했을 때, 적혈구는 건물 10층 높이, 박테리아(세균) 세포는 3층 높이, 단백질 분자는 건물 입구 계단 정도의 높이로 볼 수 있다. 1나노미터는 건물 밑바닥에 붙어 있는 먼지 한 톨 크기에 해당한다.

넣기에 이르렀다. 간혹 광케이블을 생산하는 기술을 나노 기술로 착각하는 사람들이 있는데, 유리섬유를 사람 머리카락 굵기로 가공하는 기술을 가리켜 나노 기술이라고 말하기는 어렵다. 흔히 아주 가느다란 것을 묘사할 때 예로 들곤 하는 사람의 머리카락 굵기는 대략 100마이크로미터 정도로, 나노 세계에 명함을 내밀기에는 한참 모자란다.

우리가 일상적으로 사용하는 가장 작은 길이의 단위는 보통 쓰는 자에 표시된 최소 눈금 단위인 밀리미터다. 밀리미터의 1000분의 1이 마이크로미터다. 당장 자를 하나 집어 들고 밀리미터 한 칸을 천 개로 나눈다고 생각해보자. 눈으로는 도저히 가늠할 길 없는 그 협소한 세계가 1000분의 1밀리미터이자 1마이크로미터이며 1000나노미터의 세계다.

나노 단위의 입자를 활용하는 기술도 다양하다. 1990년대에 탄소 원자 한 겹을 돌돌 말아서 탄소 나노튜브를 만들 수 있게 된 이후로 지금까지 많은 나노 입자 기술이 개발되었다. 이 가운데 우리가 일상에서 접할 수 있는 기술 몇 가지를 살펴보도록 하자.

알코올 없는 화장품

화장품은 정제수나 에탄올 등의 용액에 각종 유

알코올 대신 정제수를 이용해 만든 향수는
누구나 부담 없이 사용할 수 있다.

효 성분을 녹여서 가공한 제품이다. 용액에 녹은 입자들은 우리의 피부에 영양을 공급하고 색조를 입힘으로써 노화를 늦춰주고 더 젊고 아름다워 보이게 만든다. 이처럼 입자들을 용액에 녹인 상태를 에멀션이라고 부르며, 용해된 유효 성분 입자의 크기가 작을수록 용액에 균질하게 분포해 있다가 피부에 바를 때 넓고 균등하게 퍼지며 흡수도 잘 된다. 그렇다면 이 입자들을 아주 작게 만든다면, 이를테면 나노 크기로 만든다면 화장품이 마법의 물약이 될 수도 있지 않을까?

더군다나 유효 성분 물질을 나노 크기의 입자로 만들면 이를 녹이기 위해 알코올 용액을 이용할 필요도 없다. 화장품에 포함된 알코올 성분은 때와 장소와 개인에 따라 거부감을 줄 수 있다. 이를테면 술을 안 마시는 사람이나 술을 금기시하는 문화권에 속한 사람은 향수에서 알코올 향이 나는 것을 꺼리기도 한다. 일부 예민한 사람들은 알코올을 대량으로 섭취한 다음 날 스킨만 발라도 취기가 오르는 느낌을 받곤 하는데 이 또한 화장품에 포함된 알코올 성분 때문이다.

알코올은 각종 입자를 잘 녹이는 만능 용제로서 에멀션을 만들기가 수월하기 때문에 화장품의 베이스 원료로 많이 사용된다. 하지만 비타민 성분이나 염료 등의 물질을 나노 단위 입자로 만들면 알코올 대신에 정제수와 같은 용액을 용제로 활용할 수 있다. 정제수를 베이스 삼아 만든 향수는 사우디아라비아 사람에게도 판매할 수 있고, 정제수로 만든 스킨이나 로션은 숙취에 시달리는 사람도 아무런 문제없이 사용 가능하다.

얇고 넓고 고르게 산포되어 깊이 흡수되는 나노 입자를 활용하면 획기적인 성능의 스킨과 로션, 립스틱, 염색약을 만들 수 있다. 자외선 차단제 또한 나노 입자를 사용함으로써 큰 진보를 이룰 것으로 기대된다. 현재 시판 중인 자외선 차단제의 가장 큰 문제는 고루 펴 바르기가 어렵다는 점이다. 햇살 따가운 여름날 외출을 앞두고 우리는 노출된 피부에 선크림을 떡칠하곤 하는데 그래 봤자 선크림이 잘 도포되지 않은 부분이 많아서 기대하는 것만큼의 자외선 차단 효과를 얻기가 어렵다. 이러한 점을 보완해줄 수 있는 것이 바로 나노 입자다.

이와 마찬가지 원리로 오늘날 나노 입자가 유용하게 쓰이는 분야 가운데 하나가 페인트 제조업이다. 페인트에 자외선 차단용 나노 입자를 고르게 섞음으로써 페인트의 자외선 차단 기능을 향상시키고 내구성을 높일 수 있다.

신속 정확 배달

나노 물질은 나노 단위 두께의 물질을 동그랗게 말아서 만들기 때문에 크기에 비해 표면적이 넓다. 나노 물질 표면에 다른 물질을 부착할 공간이 충분하다는 뜻이다. 이런 특성 덕분에 나노 물질은 우리 몸 곳곳으로 의약 성분을 실어 나를 수 있다. 마치 크기는 작아져도 힘은 사람일 때와 똑같은 마블 히어로 앤트맨이 우리 몸속에서 약품을 운반하는 것 같다고나 할까.

나노 물질이 의학 분야에서 크게 각광받는 데에는 또 다른 이유가 있다. 나노 물질은 아주 작기 때문에 우리 몸의 세포들에 잘 끌려들어 간다. 특히 인간의 생명을 게걸스럽게 갉아먹는 암세포는 워낙 먹성이 뛰어난 탓에 나노 물질과 같은 미세 입자들도 모조리 흡입하는 경향이 있다. 암세포에 잘 끌려들어 가는 나

서로 다른 형광물질이 담긴 나노 입자를 둥글게 코팅해 캡슐 형태로 만든 후 각각 대장암과 유방암 항체를 입힌다. 이것을 대장암과 유방암에 걸린 사람 몸속에 주입하면 나노 캡슐이 암세포를 추적한다. 암세포를 발견하면 나노 캡슐에 입힌 항체가 암세포 내로 침투해 들어가 형광색을 착색한다. 그러고 나면 특정 형광물질을 포착하는 파장을 지닌 레이저를 활용해 착색된 암세포를 찾아내고 제거할 수 있다.

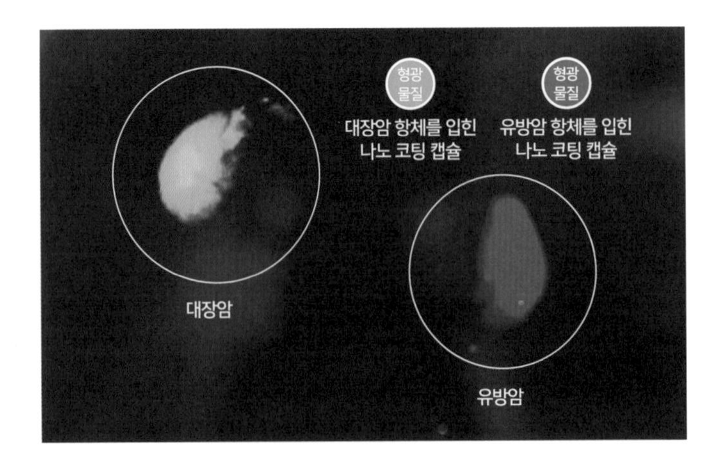

노 물질의 특성을 활용해서 암세포를 찾아낼 수 있는 것이다. 이런 이유로 항암 치료 분야에서는 진작부터 나노 치료법에 대한 활발한 연구가 이루어져 왔으며 아브락산을 비롯한 몇몇 의약품은 FDA 승인을 받기도 했다.

항암 치료에서 중요시하는 방법은 화학 치료다. 화학 치료는 암세포에 잘 작용하는 화학물질을 환자의 몸속에 순환시켜 암세포를 격퇴하는 치료법이다. 암세포를 공격하는 물질은 대부분 암세포뿐만 아니라 우리가 반드시 필요로 하는 정상 세포들 또한 무자비하게 학살하곤 한다. 화학물질을 아무리 잘 만든다 해도 암세포 외의 세포들까지 손상시키고 마는 화학 치료의 부작용을 백 퍼센트 극복하기는 어렵다.

그런 와중에 나노 운반물질이 암세포를 포착할 수 있을 뿐만 아니라 암세포 내부로 침투해 들어갈 수도 있다는 사실을 확인한 연구자들은 환호했다. 나노 운반물질을 활용해 다른 세포에 해를 끼치지 않고 암세포만 골라 박멸하는 일이 가능해진 것이다. 나노 운반물질로 많이 쓰이는 것 가운데 나노 세라믹이 있다. 레이저를 이용해 세라믹을 가루로 만들면 나노 세라믹을 얻을 수 있다. 나노 세라믹은 어지간해서는 구조가 무너지지 않고 의약물질 폭탄을 암세포 내부에 배달하는 능력도 뛰어나다.

우리 몸의 이상 세포를 찾아내는 나노 물질의 능력을 MRI 이미징에 응용하려는 시도도 계속되고 있다. MRI 영상기기에 특히 민감하게 반응하는 나노 물질을 인체에 주입했다고 생각해보자. 이 상태에서 MRI를 찍으면 몸속 곳곳을 더 선명하게 들여다볼 수 있을 뿐만 아니라 이제 막 싹을 틔우는 단계에 놓인 암세포들도 낱낱이 찾아낼 수 있다.

그러고 나면 나노 물질의 착색 기능을 응용해 레이저로 암을 치료할 수도 있다. 암세포 착색 능력이 뛰어난 금 등을 나노 입자로 만들어 활용하는 것이다. 나노 물질을 몸 안에서 몇 시간 정도 순환시키고 나면 이들 나노 입자가 암세포를 찾아내 "요놈이 암세포"라는 컬러 그래피티를 남긴다. 이후 착색된 세포에만 작용하는 특정 파장의 레이저를 발사해 암세포를 박멸한다. 이와 같은 방식의 암 치료는 이미 임상 실험 단계에 올라 있다.

나노 의학 기술은 이처럼 우리 몸의 질병 부위를 세포 단위로 포착해 정밀하게 치료하는 기술이다. 그러나 나노 물질이 가진 장점이 곧 단점으로 작용할 수도 있다. 어떤 물질을 나노 입자로 만들어 우리 몸에 투입할 경우 상상하지도 못한 부작용을 맞닥뜨릴 수도 있다는 뜻이다.

오늘날의 나노 의학 기술이 부딪힌 가장 커다란 문제는 나노 물질의 독성이다. 나노 의학 기술뿐만 아니라 나노 화장품과 나노 필터, 나노 정화 기술, 나노 촉매 기술 등 나노 입자를 사용하는 모든 분야가 마찬가지 고민을 안고 있다. 한 시간 동안 아름다워질 수 있지만 그 후에는 오히려 1년 더 노화를 앞당기는 마법의 물약이 있다면 사용할 생각이 들겠는가? 나노 입자를 이용해 환경오염 물질을 분해할 수 있다 해도 나노 물질 자체가 환경오염을 일으킨다면 이를 사용해도 괜찮을까?

나노 물질은 아주 작고 반응성이 뛰어나 우리 몸의 세포와 다양한 반응을 일으키기 때문에 의약 물질로서 커다란 가능성을 갖는다. 하지만 우리 몸의 세포들과 활발히 반응한다는 바로 그 특성 때문에 여러 가지 문제를 일으킬 수도 있다. 나노 물질은 세포와 만나 화학작용을 일으키며 우리 몸속의 세포를 산화시킨다. 항산화로 노화와 질병을 막겠다며 온갖 식품과 영양 보충제를 먹어봤자, 독성 연구가 완전히 이루어지지 않은 나노 화장품을 바르면 말짱 도루묵이라는 것이다.

이처럼 나노 물질은 우리 몸의 세포들, 심지어 DNA에까지 손상을 입힐 수 있는 물질이다. 현재까지 알려진 바에 따르면 나노 물질이 초래할 수 있는 심각한 부작용 중에는 섬유증이 있다. 섬유증은 폐나 심장근육에 섬유조직이 형성되는 질환으로 심근경색과 폐부종, 골수섬유증 등의 원인이 될 수 있고 장기에 괴사를 일으킬 수도 있는 무서운 질병이다.

의료 분야를 포함한 다른 여러 분야에서 나노 물질을 보다 적극적으로 활용하기 위해서는 나노 물질의 부작용이 무엇인지 정확히 밝혀내고 이를 최소화할 수 있는 방안이 마련되어야 한다. 이미 2000년대 중반에 나노 의약 물질이 개발되었음에도 불구하고 우리가 아직까지 암을 포함한 모든 질병을 나노 물질로 치료하려 들지 않는 것은 바로 이 때문이다. 나노 의약품은 당장 모든 사람에게 적용할 수 있는 만능열쇠가 아니라 섣불리 휘두르다가는 자신이 먼저 다칠 수도 있는 날 선 칼이다. 오랜 연구 과정과 많은 실험동물들의 희생을 바탕으로 서서히 구축되어가고 있는 미래 기술이다.

엔트로피와 싸우는 초소형 지원부대

나노 물질은 배터리 기술을 향상시키는 데에도 도움을 줄 수 있다. 수소 연료전지는 사실 배터리라기보다 직류 발전기에 가깝다. 수소 연료전지에서 배터리 역할을 하는 것은 수소다. 우리는 전기를 수소로 변환해 저장했다가 이를 다시 수소 연료전지를 이용해 전기로 바꾸어 사용할 수 있다.

수소 연료전지가 아직 상용화 단계에 이르지 못한 것은 수소를 만드는 데 쓰이는 에너지가 수소 연료전지로 만들어 낼 수 있는 에너지의 양보다 많기 때문이다. 수로 연료전지 개발에 있어서 인류는 여전히 엔트로피 군대의 공세에 밀리는 중이다.

나노 물질은 수소를 생성하는 과정을 더 효율적으로 만들고 수소 연료전지의 효율성을 높임으로써 수세에 몰린 전투에서 반전의 계기를 마련해줄 수 있다. 수소를 얻으려면 천연가스나 물을 가열하며 촉매에 노출시켜야 한다. 이때 촉매로 사용되는 백금은 매우 값비싼 물질이다. 비싸다는 것은 그만큼 땅을 많이 파헤쳐야 하며 세계의 몇몇 지역에서만 제한적으로 구할 수

백금은 무척 희귀한 금속이기에 채굴하고 유통하는 데 많은 에너지가 소비된다. 오늘날 전 세계적으로 유통되는 백금의 70퍼센트 이상이 남아프리카공화국에서 생산된 것이다.

촉매 변환기의 내부 모습. 유해 물질인 탄화수소, 일산화탄소, 질소산화물이 벌집 구조의 촉매를 통과하면 물과 이산화탄소, 질소로 변환된다.

있는 물질이라는 뜻이다. 그러나 백금을 나노 백금으로 만들어 활용하면 훨씬 적은 양의 백금으로 동일한 촉매 효과를 얻을 수 있다.

동일한 원리로 우리는 나노 기술을 이용해 환경오염을 줄일 수 있다. 휘발유를 연료로 사용하는 자동차는 탄화수소와 일산화탄소 등 인체에 해로운 가스를 발생시킨다. 그래서 시판되는 휘발유 자동차에는 전부 촉매 변환기라는 장치가 달려 있다. 촉매 변환기는 자동차 배기통에 장착되어 있는 물건인데, 백금과 로듐을 촉매로 활용해 배기가스의 독성 물질을 이산화탄소 등 인체에 무해한(그러나 기후 변화를 일으키는) 물질로 바꿔준다.

촉매 변환기에 쓰이는 백금과 로듐을 나노 물질로 만들어 활용한다면 훨씬 효율적으로 촉매 변환기를 작동시키는 일이 가능하다. 자동차의 촉매 변환기뿐만 아니라 다양한 기계 설비 및 장치에 나노 물질 촉매가 활용되는 것은 이 때문이다.

바이러스를 걸러내다

나노 기술은 수소를 생성하는 과정에 도움을 줄 뿐만 아니라 수소 연료전지의 성능 자체를 개선할 수 있다. 수소 연료전지 내부에서 이온이 이동하는 막을 만들 때 나노 입자를 활용하면 연료전지의 효율이 상승하기 때문이다. 나노 기술을 적용해 만든 고기능성 막은 나노 필터 분야에 새로운 가능성을 열어주었다.

우리 주변에서 찾아볼 수 있는 보통의 필터들은 눈으로 망의 구멍을 확인할 수 있을 만큼 성글게 짜인 것이 대부분이다. 이를테면 에어컨에 들어 있는 공기 필터나 공기청정기의 필터가 그러하다. 이런 필터로는 마이크로 세계의 입자들은 거를 수 있지만 나노 세계의 입자와 생물체는 걸러 낼 수 없다.

그렇다고 해서 평범한 실이나 플라스틱 섬유를 가지고 필터 구멍만 작게 만들어서는 필터 역할을 제대로 하기를 기대하

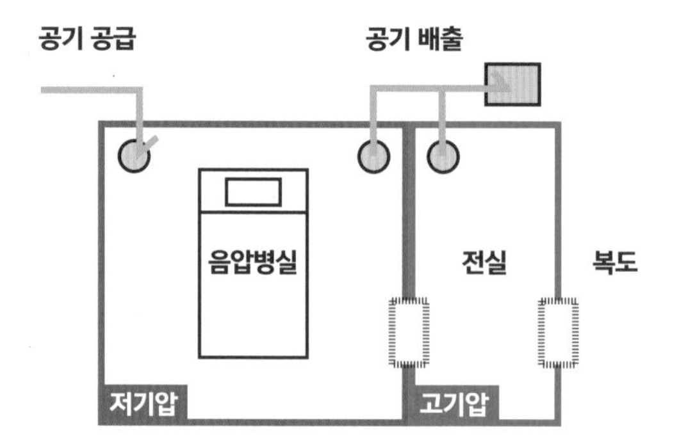

음압병실을 만드는 원리는 매우 간단하다. 병실을 밀폐한 다음 환풍기를 통해 병실 안의 공기를 강제로 빼내면 병실 안의 기압이 낮아져서 음압병실이 된다. 결국 음압병실의 공기도 어딘가로 빠져나가긴 한다는 것인데, 주로 병원 옥상의 환풍구를 통해 배출된다.

기 어렵다. 전체 필터 면적 가운데 섬유가 가로막고 있는 면적이 지나치게 넓고 구멍은 작기 때문에 공기가 잘 통하지 않는다. 대량의 공기가 지나가는 통로에 이런 필터를 설치하면 공기압 때문에 순식간에 뜯겨 날아갈 것이다.

필터를 구성하는 섬유를 나노 굵기로 만들면 이러한 문제들을 한꺼번에 해결할 수 있다. 구멍은 충분히 작게 만들면서도 섬유가 차지하는 면적과 구멍이 차지하는 면적을 비등하게 조절할 수 있기 때문이다. 이렇게 제작된 필터는 공기를 원활하게 통과시키면서 그 안에 들어 있는 입자와 생물체를 모조리 걸러

낼 수 있다.

우리는 나노 필터가 나노 세계의 입자들, 특히 생물체를 포착할 수 있다는 점에 주목해야 한다. 나노 필터에 공기를 통과시키면 일반적인 공기의 구성 성분인 산소나 이산화탄소를 제외한 이물질과 박테리아와 바이러스를 걸러 낼 수 있다. 바이러스를 잡아내기 위한 나노 필터는 몇 해 전 메르스가 유행했을 무렵 개발되어 오늘날 각종 질병과 싸우는 데 활용되고 있다.

코로나19가 확산됨에 따라 바이러스를 차단할 수 있는 나노 필터를 마스크에 적용하려는 시도가 있었으나 안정성과 유효성 검토를 통과한 제품은 아직까지 출시되지 않았다. 여전히 우리는 미세한 나노 입자가 체내로 침투했을 때 어떤 부작용이 일어날 수 있는지 알지 못한다.

음압병실이라는 말은 요 몇 년 새 우리에게 친숙한 단어가 되었다. 공기는 기압이 높은 곳에서 낮은 곳으로 이동한다. 병실 안의 공기 압력을 병원 복도에 비해 낮은 상태, 즉 마이너스 압력인 상태로 만들면 공기가 병원 복도에서 병실로 흘러들어 갈 뿐 병실에서 복도로 새어 나오지 않는다. COVID-19나 메르스와 같은 바이러스에 감염된 환자를 외부와 격리해 치료할 때는 이러한 음압병실이 반드시 필요하다. 환자가 뿜어낸 바이러스가 공기를 타고 병원 복도로 퍼져 의료진과 다른 환자들을 감염시키지 않도록 해야 하기 때문이다.

만약 우리가 전염성이 강하고 치사율이 높으며 치료제와

백신이 개발되지 않은 독한 바이러스와 싸우고 있다면 환풍구를 통해 빠져나가는 공기도 관리를 해야 한다. 미국 질병통제예방센터처럼 지금까지 알려진 모든 바이러스를 보관하고 있는 곳에서도 건물 바깥으로 나가는 공기를 깨끗이 걸러내고 소독하는 일을 게을리하지 않는다. 만약 바이러스 관리에 만전을 기하지 않았다가는 활짝 열린 판도라의 상자처럼 스페인 독감과 사스 바이러스와 탄저균을 온 세상에 퍼뜨리며 인류를 혼돈에 빠뜨릴 수도 있다. 이러한 사태가 발생하는 일을 막기 위해 개발된 것이 나노 필터다. 나노 필터 방식 외에 플라즈마 필드를 형성해 바이러스나 박테리아 등을 살균하는 나노 스트라이크 기술도 등장했다.

나노 필터 기술이 상용화되면 우리는 일상생활에서 큰 혜택을 볼 수 있다. 여름날 창문을 활짝 열어놔도 집에 벌레는커녕 미세먼지나 감기 바이러스조차 들어오지 않게 될 것이다. 만약 나노 필터를 달고 창문을 열고 지내는 쪽이 밀폐된 공간에서 에어컨을 틀고 지내는 쪽보다 건강에 좋고 비용도 덜 든다면 많은 이들이 나노 필터를 선택할 것이다.

나노 필터가 장착된 창문이 에어컨보다 저렴해질 것이라고 단언하기는 어렵다. 하지만 광케이블을 이용하는 통신료가 오늘날처럼 저렴해지고 스마트폰이 공짜폰이나 다름없어질 거라고 예상한 사람도 많지 않았음을 떠올려보자.

나노 필터는 공기뿐만 아니라 물을 거르는 데에도 활용될 수 있다. 나노 필터로 하수를 처리하면 인간 생활환경에 해로운 입자와 미생물을 싹 걸러 낼 수 있다. 이쯤 되면 하수 처리라기보다 하수 정수라고 불러도 좋지 않을까. 이런 기술이 개발된다면 우주선 내에서 하수를 정수해 재활용하는 것은 물론이고, 공장과 농장에서 발생하는 폐수가 자연을 오염시킬 가능성을 원천적으로 봉쇄하는 것도 가능하다.

나노 정수 기술은 먼 미래의 이야기가 아니다. 현재 우리나라에도 다양한 종류의 나노 필터 정수기들이 출시되어 있다. 나노 정수기들은 다단계 필터를 이용해 굵은 입자부터 나노 미생물에 이르기까지 순서대로 걸러내는 방식을 활용한다.

닥터, 로봇

나노 로봇 기술은 단순히 나노 단위의 대상에 영향을 미치는 기술이 아니라 인간의 의도에 따라 움직이며 특별한 기능을 수행하는 나노 단위 크기의 로봇을 만드는 기술이다. "외과 의사를 삼키는 겁니다"라는 리처드 파인만의 제안을 현실에 구현하는 경지다. 이는 지금까지 이 책에서 다룬 여러 가지 미래 기술 가운데 일정 수준의 성취를 목도하기까지 가장 오래 기다려야 할 기술일지도 모른다.

나노 로봇은 단순한 나노 물질보다 훨씬 능동적으로 더 많

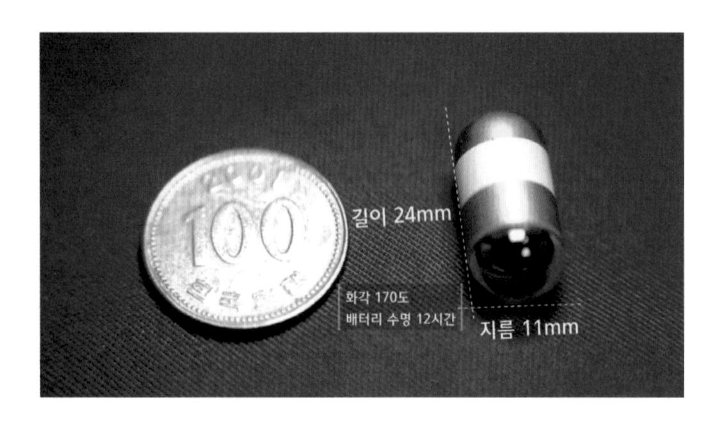

동전보다 작은 크기의 로봇인 캡슐 내시경은 일반 내시경 검사의 고통과 수면 내시경 검사의 불안감을 경감해준다.

은 일을 할 수 있다. 나노 전달물질에 의약 물질을 부착해서 항암 치료를 하는 대신에 나노 로봇더러 직접 암세포를 찾아가 박멸하라고 지시를 내릴 수 있다는 말이다.

더 작은 로봇을 만들수록 더 큰 혜택을 볼 수 있음은 물론이다. 나노 단위에 이르기에는 한참 모자란 캡슐 내시경을 살펴보자. 캡슐 내시경은 직경 11밀리미터에 길이 24밀리미터인 내시경용 로봇이다. 아직 우리 눈에 확연히 보일 정도의 크기임에도 불구하고 캡슐 내시경이 가진 장점은 명확하다. 일반 내시경 검사가 주는 고통과 수면 내시경 검사의 불안감을 덜어줄 수 있고, 소장 부위처럼 내시경으로 도달하기 어려운 곳까지 검사할 수 있다.

나노 로봇이 함축하고 있는 가능성은 모두 로봇의 크기와 관련이 있다. 인간의 머리카락 굵기는 100마이크로미터, 즉 10만 나노미터 이상이며 인간의 정자는 길이가 50마이크로미터에 지름이 5마이크로미터 정도다. 굳이 나노 단위까지 갈 것 없이 5마이크로미터 크기의 로봇만 만들더라도 우리는 정자가 하는 일을 로봇이 대신하도록 할 수 있다.

현재 마이크로미터 단위의 로봇을 움직이는 데 쓰이는 동력은 자기력이다. 금속 마이크로봇을 인체에 투입한 뒤 외부에서 자석의 힘으로 로봇을 움직이는 것이다. 마이크로봇은 절반 이상이 물로 이루어진 인간의 몸속을 돌아다니는 데 용이한 수중 추진용 프로펠러 구조를 취하고 있는 경우가 많다. 대표적인 것이 정자의 꼬리 움직임을 모사하는 스펌봇이다.

마이크로 스펌봇이 정자와 결합하는 모습(좌)과
수정을 돕는 모습(우)

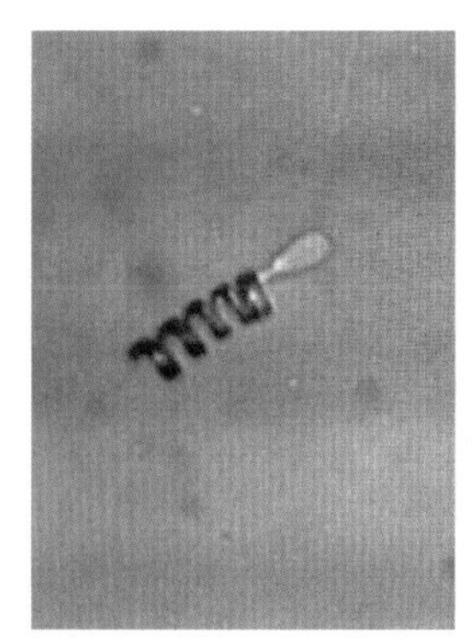

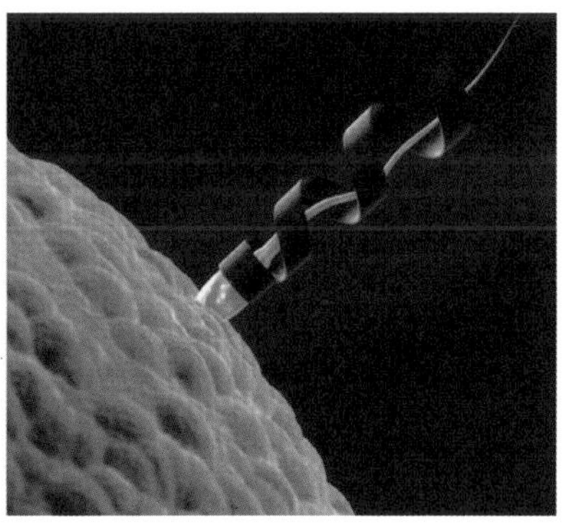

마이크로 스펌봇은 운동 능력에 문제가 있어서 제 할 일을 다하지 못하는 정자와 결합해 정자의 프로펠러 역할을 한다. 이는 크기와 운동 능력 면에서 정자와 유사하지만 인체 바깥에서 조사되는 자기장을 원동력으로 삼기에 더 오랫동안 힘차게 활동할 수 있다. 외부에서 자유자재로 스펌봇을 조종함으로써 정자가 난자와 만나 수정을 하도록 돕는 일도 어렵지 않다. 이처럼 스펌봇과 결합한 정자는 일반적인 정자보다 속도도 빠르고 움직임도 크다.

스펌봇은 자궁암 치료에도 요긴하게 쓰인다. 여성의 생식기관은 정자가 돌아다니기에 유리한 환경이기 때문에 암이 발생했을 경우 스펌봇을 이용해 암세포를 직접 공격할 수 있다. 정자의 꼬리 형태를 활용해 암세포의 연결을 자르거나 암세포에 직접 약물을 전달할 수도 있다.

정자나 적혈구보다 작은 것이 1마이크로미터 정도 크기의 박테리아다. 다시 말해 크기가 1마이크로미터 이하인 로봇은 박테리아가 하는 일들을 할 수 있다. 해로운 것이라는 일반의 인식과 달리 박테리아는 사실 우리 생태계의 근간을 이루는 존재다. 박테리아는 유기물을 먹고 분해하는 일을 한다. 세상 모든 것을 부패시켜 대자연의 순환 시스템 맨 아래층을 떠받치는 기본적인 영양분으로 되돌리는 것이다. 동물이 죽으면 박테리아가 이를 분해해 땅속으로 돌려보내고 식물이 이 양분을 먹고 자라나 다시 동물의 먹이가 된다.

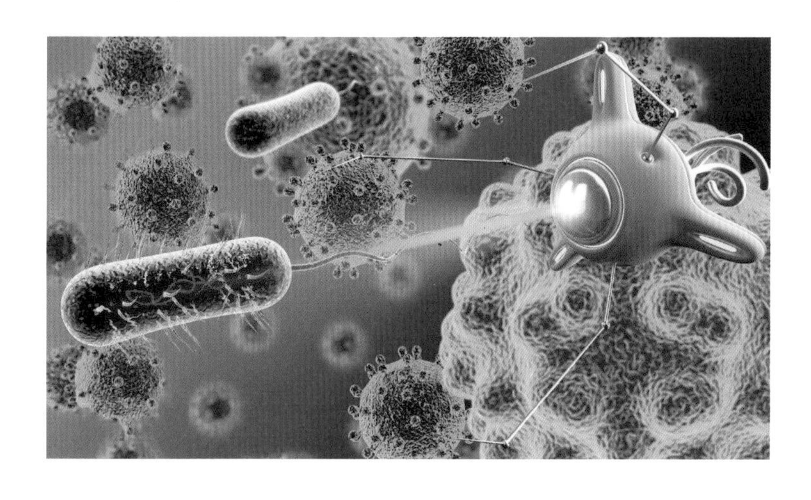

박테리아 크기의 마이크로봇 상상도

우리는 1마이크로미터 크기의 로봇을 박테리아처럼 이용해 우리가 분해하고 싶은 것들을 분해할 수 있다. 토양과 저수지에 녹아 있는 각종 오염 물질이나 생물체 내부의 특정 요소를 분해하고자 할 때 1마이크로미터 로봇을 활용하는 일이 가능하다.

1마이크로미터 로봇은 석유를 먹고 발전을 할 수 있고 박테리아를 먹어치울 수 있으며 산더미처럼 쌓인 석탄 폐기물이나 원자력 발전소의 방사능 오염수를 분해할 수 있다. 대장 기능이 좋지 않은 사람에게는 발효 과정을 거친 요구르트를 마시는 게 아니라 유산균 역할을 해줄 1마이크로미터 로봇들을 섭취하는 편이 더 나은 대안일 수 있다.

또한 박테리아 로봇은 오늘날 지구의 다섯 바다가 몸살을 앓고 있는 문제의 해결사가 되어줄 수 있다. 크고 작은 해양 생물 가운데 플라스틱 폐기물의 위협에서 자유로운 생명체는 없다. 물개나 상어, 고래와 같은 큰 동물은 바다에 버려진 플라스틱 봉투를 해파리나 물고기로 오인해 삼킨다. 소화되지 않은 플라스틱이 위장에 가득 차는 바람에 죽기도 하고 플라스틱 봉투에 기도가 막혀 죽기도 한다. 그보다 작은 동물들은 미세 플라스틱 입자를 꿀꺽꿀꺽 삼켜 몸에 축적한다. 사람들은 1년에 1억 톤의 물고기를 잡아먹으며 물고기 몸속에 쌓인 미세 플라스틱까지도 꾸준히 섭취하고 있다.

2016년에는 플라스틱을 분해하는 박테리아가 발견되어 화제가 된 바 있다. 이데오넬라 사카이엔시스라는 이름이 붙은 이 박테리아는 오직 페트병, 즉 PET 성분만을 먹고 산다. 2020년 우리나라에서는 이 박테리아에서 추출한 효소를 바탕으로 식물성 플랑크톤을 개발하기도 했다. 이를 바다에 방사하면 플라스틱 쓰레기로 인한 해양오염을 줄일 수 있을 것으로 전망된다.

나아가 우리는 이데오넬라 사카이엔시스와 똑같은 기능을 하는 나노 로봇을 만들 수도 있다. 이는 현재 활발하게 연구가 진행되고 있는 분야다. 박테리아 기반의 분해 과정보다 훨씬 효율적으로 플라스틱 쓰레기를 처리할 기술로 주목받고 있다.

박테리아 로봇이 박테리아보다 더 효율적으로 플라스틱 쓰레기를 처리할 수 있는 이유는 간단하다. 플라스틱을 먹어치우면 이데오넬라 사카이엔시스든 박테리아 로봇이든 먹은 만큼 칼로리를 만들어 낸다. 아무리 플라스틱이라 해도 먹은 건 먹은 거니까 말이다. 그런데 박테리아는 생명체이므로 이 칼로리로 생명 활동도 해야 하고 일정 기간이 지나면 죽게 마련이다. 하지만 박테리아 로봇은 생존을 목적으로 하지 않으며 오로지 인간이 부여한 임무에만 종사하는 존재다.

박테리아 로봇은 플라스틱을 먹고 만들어 낸 열량을 다시 플라스틱을 먹는 일에 쓴다. 오직 플라스틱을 분해하기 위해서 플라스틱을 먹는 플라스틱 킬러다. 맹목적으로 플라스틱을 먹어치우는 박테리아 로봇을 동원하면 폐수에 섞인 플라스틱도 빠른 시간 내에 처리할 수 있고 바다를 오염시키는 플라스틱 쓰레기도 제거할 수 있다.

그러면 이제 진짜 나노 단위 크기의 로봇에 대해 살펴보도록 하자. 박테리아의 10분의 1 크기, 100나노미터 정도 크기의 생물로 바이러스를 들 수 있다. 여기부터가 바야흐로 본격적인 나노의 세계에 해당한다.

100나노미터 크기의 로봇은 바이러스가 하는 일들을 할 수 있다. 바이러스는 세포를 공격한다. 우리 주위에 존재하는 이 무서운 기생생물은 숙주의 특정 세포들을 공격하는 데 존재 의의를 두고 있다. 어떤 바이러스는 폐의 세포를 공격해 기침을 하게 만들고 기침에 피가 묻어 나오게 만든다. 또 다른 바이러스는 간이나 생식기를 공격하기도 한다.

우리가 100나노미터짜리 로봇을 만든다면 로봇으로 하여금 특정 바이러스를 공격하거나 불필요한 세포를 없애도록 할 수 있다. 마이크로 스펌봇을 자궁암 치료에 적용하는 사례에서 볼 수 있듯이 많은 학자들은 나노 로봇으로 직접 암세포를 공격할 궁리를 하고 있다. 나노 입자에 의약 물질을 부착해 암세포를 공격하거나 암세포를 착색해 진단하고 레이저로 박멸하는 것보다 한 발 더 나아간 방법이다.

닥터 로봇의 크기가 줄어들수록 병변이 발생한 위치를 정확히 찾아가 치료할 수 있다는 점에 주목해야 한다. 망막 손상이나 녹내장과 같은 안구 관련 질병을 치료하는 경우를 생각해보자. 눈은 우리 몸의 다른 기관들보다 예민하고 신경조직 구조가 섬세하다. 안구의 질병을 치료하는 일이 어려울 수밖에 없는 것은 이 때문이다.

최근 들어 활발하게 이루어지고 있는 연구 가운데 하나는 마이크로미터 크기의 섬모 추진 로봇을 이용해 안구의 질병을 치료하는 것이다. 섬모 추진 로봇을 이용하면 보통 방법으로는 접근하기 어려운 안구 안쪽으로 진입해 필요량의 약물을 주입할 수 있다. 이는 망막을 생성하는 바이러스나 줄기세포를 망막 아래에 주입할 때에도 활용 가능한 방법이다. 마이크로미터 크기의 로봇이 이 정도 일을 해낼 수 있다면 100나노미터 크기의 로봇은 우리 몸의 환부를 세포 단위로 치료할 수 있다.

바이러스의 10분의 1 크기에 해당하는 것이 바로 모든 생명 현상의 근간인 DNA다. 다시 말해, 우리가 10나노미터 이하 크기의 로봇을 만든다면 DNA의 세계에 개입할 수 있는 것이다.

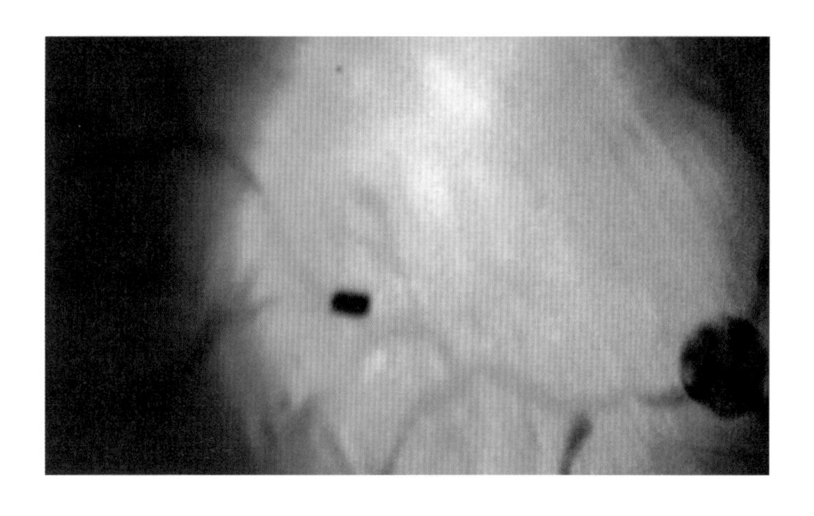

민감한 안구 치료에 활용되는 마이크로봇

DNA는 지구상 모든 생명체의 유전정보를 담고 있다. 모든 생명이 DNA의 지시를 통해 성장하고 DNA에 담긴 정보를 이용해 기본적인 생활양식을 구성한다. DNA를 자르고 이어 붙일 수 있는 나노 로봇의 개발은 인간이 생명 그 자체를 조작할 수 있게 된다는 것을 뜻한다. 여기서부터는 로봇의 소형화 문제를 비롯한 기술적 문제에서 벗어나 생명 윤리의 영역으로 진입한다고 볼 수 있다.

DNA보다 작은 것은 이제 분자의 영역이다. PG5라는 10나노미터짜리 인공 합성 분자부터 1나노미터 크기의 단백질 분자, 0.1나노미터 크기의 수소 분자에 이르기까지 우리 주변의 분자들은 저마다 다양한 크기를 갖고 있다. 대략 1나노미터 크기의 로봇은 분자의 세계에 개입할 수 있다.

리처드 파인만은 나노 기술 활용법의 일환으로 닥터 로봇과 더불어, 로봇을 이용해 인위적 화학반응을 일으키는 것을 제안한 바 있다. 우리가 충분히 작은 크기의 로봇을 만든다면 이를 물질 내부에 풀어놓고 해당 물질의 분자에 작용하게끔 만들어 화학반응을 유도할 수 있으리라는 것이다. 물 분자에 접근해서 수소와 산소 원자를 갈라놓는 로봇들의 모습을 상상해보라. 수소 경제 구축을 꿈꾸는 모든 사람들에게 꿈같은 이야기일 것이다.

1나노미터를 향해

1나노미터 크기의 로봇을 만드는 일은 아직까지 요원해 보인다. 여기에 이르기 위해서는 크게 두 가지 기술의 발전이 전제되어야 한다. 첫째는 나노 로봇의 전자두뇌를 만드는 기술이고 둘째는 나노 로봇의 소재를 개발하는 기술이다. 두 부문 모두 많은 인력이 투입되어 빠르게 발전하고 있지만, 동시에 한층 더 많은 연구개발이 필요한 분야이다.

나노 로봇의 전자두뇌 개발과 관련해 2006년 우리나라에서 획기적인 성과를 도출한 바 있다. 카이스트의 최양규 교수 연구실에서 3나노미터짜리 트랜지스터를 개발한 것이다. 기존의 트랜지스터가 2차원 면으로 전기적 효과를 발휘한다면, 최양규

나노 칩을 장착한 닥터 로봇 상상도. 나노 로봇의 전자두뇌를 제작하기 위한 기술은 빠른 속도로 발전하고 있다.

교수 팀이 개발한 트랜지스터는 3차원적으로 이 기능을 수행할 수 있다.

같은 원리를 응용해 2016년 버클리 대학에서는 탄소 나노튜브로 1나노미터짜리 트랜지스터를 만드는 데 성공했다. 동일한 크기의 칩에 더 많은 트랜지스터를 집적할 수 있으니 반도체 제작 기술 측면에서 획기적인 발전이라고 할 수 있다. 동시에 이는 나노 로봇에 장착할 수 있을 정도로 작은 전자두뇌의 개발이 가능하다는 사실을 의미한다.

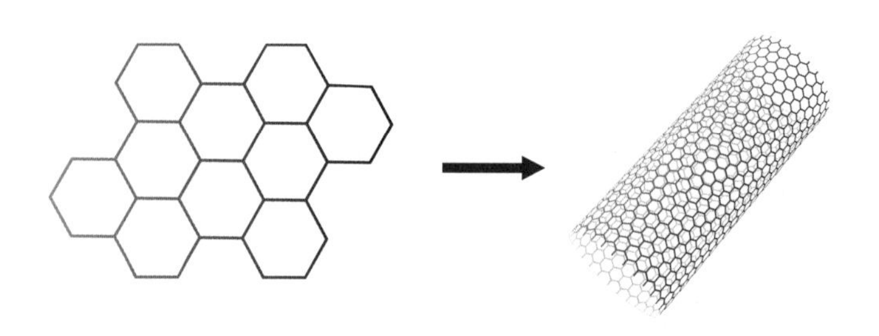

탄소 나노튜브는 탄소 원자를 면으로 연결시킨 뒤 돌돌 말아서 만든 것이다.

나노 로봇의 소재 또한 다양한 방면에서 연구개발이 진행되고 있다. 나노 로봇 소재를 둘러싼 연구는 30년 전의 탄소 나노튜브까지 거슬러 올라간다. 탄소 나노튜브를 만들려면 먼저 탄소 원자들을 면으로 연결시켜 탄소 원자로 이루어진 얇은 막인 '그래핀'을 만들어야 한다. 두께가 탄소 원자 한 개 크기에 불과한 이 그래핀을 돌돌 말아 튜브 형태로 만든 것이 탄소 나노튜브다. 지름이 나노미터 단위인 진짜 나노 소재인 데다 초전도체이기 때문에 로봇의 재료로 쓰기에도 적합하다. 또한 크기에 비해 표면적이 넓어서 의약품이나 화장품 제조 분야에 응용하는 연구도 활발히 진행 중이다.

탄소 나노튜브와 같은 인공물이 아니라 생물을 활용하는 방안도 연구되고 있다. 100나노미터 크기의 인공물을 만드느니

100나노미터짜리 바이러스에 전자두뇌를 달아서 인간이 원하는 대로 조종한다는 아이디어다. 이론상으로는 10나노미터짜리 인공 DNA를 만들어 조종할 수도 있다.

금속으로 만든 로봇의 이미지가 대중화되는 바람에 가끔 무시되곤 하는 사실이지만, 로봇이란 어떤 소재로 만들었는가와 무관하게 사람이 조종할 수 있는지 여부에 따라 붙는 이름이다. 탄소 나노튜브로 만들었든 핵산으로 만들었든 나노 로봇은 나노 로봇이다. 사용자의 목적과 명령에 따라서만 움직이는 것이라면 사람이든 기계든 핵산이든 바이러스든 모두 로봇이라는 이름을 붙일 수 있다.

생물체를 이용해 나노 로봇을 만드는 것은 고유한 기능을 가진 나노 생물의 구조와 기능을 본뜬다는 측면에서 생물 모방 기술의 일종이라고 볼 수 있다. 이를테면 DNA는 나노 입자로 이루어진 생명체로서 생명의 성장을 지시하는 고도의 기능을 수행한다. 과학자들은 DNA의 연결 구조에서 나노 로봇의 구조를 만들 아이디어를 얻고, DNA를 모방한 나노 로봇으로 무엇을 할 수 있을지 탐구하고 있다.

그 밖에 3D 프린터 기술로 나노 로봇을 제작하는 연구도 진행 중이다. 오늘날 쓰이고 있는 평범한 3D 프린터로는 나노 세계의 어떤 물체도 만들어 낼 수 없지만 고성능 레이저를 활용하면 이야기가 달라진다. 마치 과거의 잉크젯 프린터와 버블젯 프린터로는 미세한 선과 점을 잘 표현하지 못했으나 레이저 프

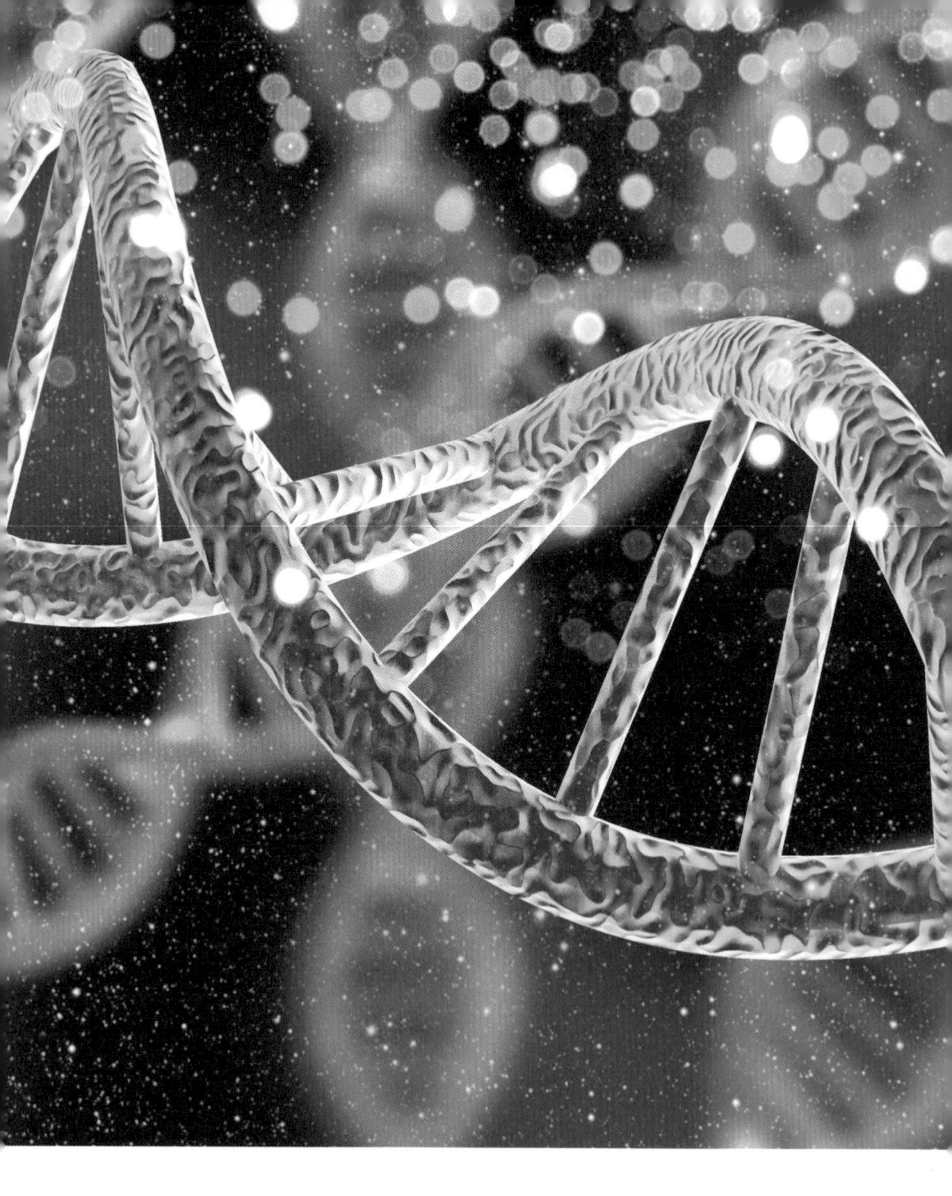

DNA는 우리에게 어떤 식으로 나노 입자를 연결시켜
로봇을 만들어야 하는지 가르쳐준다.

린터가 등장함에 따라 인쇄의 세밀함과 정확성이 향상된 것과 같은 원리다. 레이저는 금속 표면에 미세한 그림을 그릴 수 있고 작은 부피의 액상을 고형으로 만들 수도 있다. 고성능 레이저를 사용하는 3D 프린터가 머지않아 박테리아 크기를 넘어서 바이러스 크기의 나노 로봇 재료를 가공할 수 있을 것으로 기대된다.

우주로 가는 나노 기술

나노 기술은 장차 무수한 분야에 응용될 여지가 있지만 아직까지 상당 부분 가설, 이론, 상상의 영역에 머물러 있다. 그러나 눈에 보이지 않는 미래를 그릴 줄 알고 상상의 나래를 펼치길 좋아하는 과학자들은 오히려 나노 기술이 미지의 영역으로 남아 있다는 점에 열광한다. 그들은 저마다 고유한 상상력으로 나노 기술의 미래를 꿈꾸고 있다.

이 가운데에는 나노 기술을 우주개발에 활용하겠다는 꿈을 꾸는 이들도 많다. 나노 기술, 나노 로봇을 어떤 식으로 우주개발에 응용할 수 있을지 이해하려면 〈어벤져스: 인피니티 워〉의 아이언맨 슈트를 살펴보는 편이 도움이 될 것이다. 영화에 등장하는 아이언맨 슈트는 평소에는 나노 입자의 형태로 토니 스타크의 가슴 한가운데에 장착된 작은 컨테이너에 담겨 있다. 토니는 이 컨테이너 표면을 살짝 터치하는 방식으로 나노 로봇들을 가동시킨다.

나노 로봇들은 토니의 상상을 현실로 옮겨준다. 그가 다리에 커다란 추진기가 달린 로켓형 아이언맨의 모습을 상상하면 나노 입자들이 그의 발치에 커다란 로켓 추진기를 만들어 낸다. 팔에서 창이 돋아나는 상상을 하면 창이 돋고, 방패를 만드는 상상을 하면 방패가 생겨나며, 손바닥에 리펄서를 만드는 상상을 하면 리펄서가 만들어진다. 단순히 형태만 그럴싸하게 생성되는 것이 아니라 제 기능도 완벽히 수행한다. 착용자의 상상에 따라 자유자재로 변화하며 모든 소원을 이루어주는 마법의 웨어러블 로봇인 셈이다. 이 슈트를 걸친 인간은 평소 우리가 부러워하던 존재들로 변신할 수 있다. 늑대가 될 수도 있고 독수리가 될 수도 있으며 돌고래, 치타, 고릴라, 슈퍼맨이 될 수도 있다.

아이언맨의 나노 슈트는 나노 기술을 우주개발에 활용하고자 하는 엔지니어들의 꿈을 반영한 것이다. 사용자의 의지에 따라 만능으로 형태와 기능이 변화하는 경지는 그야말로 꿈속의 꿈이다. 현실의 엔지니어들이 목표로 삼고 있는 바는 나노 엔진 개발이다. 이는 나노 로봇으로 구성되어 있으며 파손된 부위나 기능 이상을 로봇들이 알아서 진단하고 수리할 수 있는 형태의 엔진이다.

이런 엔진은 개발에 성공한다 해도 값을 짐작하기 어려울 만큼 비쌀 테니 일반 자동차에 장착하기는 어려울 것 같다. 하지

지구를 떠나 어떤 보급도 기대할 수 없는 상황에서 머나먼 거리를 오래도록 항해해야 하는 우주선의 엔진에는 자가 진단 기능과 자가 수리 기능이 갖춰져 있는 편이 바람직하다.

만 항공기라면 어떨까? 비행기를 탈 때 나는 가끔 항공기 엔진이 고장 나는 상상을 하곤 한다. 기체가 끔찍하게 흔들리면서 산소 호흡기가 내려오고 승객들이 아비규환에 빠지는 상황을 나노 엔진이 막아낼 수 있다면, 조금 비싸더라도 나노 엔진을 탑재한 비행기를 이용하고 싶다.

우주선의 엔진도 비행기 엔진과 마찬가지다. 오랜 시간 동안 지속적으로 최고의 성능을 발휘해야 한다. 지구를 떠나 어떤 보급도 기대할 수 없는 상황에서 머나먼 거리를 오래도록 항해해야 하는 우주선의 엔진에는 자가 진단 기능과 자가 수리 기능이 갖춰져 있는 편이 바람직하다. 자체적으로 고장을 수리할 수 있는 엔진을 갖추고 나노 로봇을 통해 폐기물을 분해하는 우주선. 필요한 모든 부품과 식량은 3D 프린팅으로 조달하고 나노 로봇 또한 레이저 3D 프린팅으로 만들어 쓸 수 있는 우주선. 레이저 핵융합으로 물 따위의 흔한 물질을 에너지로 바꿔가며 이곳저곳의 항성계를 방문할 수 있는 우주선. 우주개발 분야의 과학자들과 기술자들은 2040년을 목표로 이와 같은 기술들을 완성하고자 노력하고 있다.

지금 이 순간에도 세계 각국에서 나노 기술의 다양한 가능성에 대한 탐구가 이루어지고 있다. 나노 기술 관련 연구 기관을 설치한 나라만 해도 이미 오래전에 60개국을 넘어섰다. 이 숫자가 의미하는 바는 우리가 알고 있는 대부분의 나라가 이미 나노 기술 연구 기관을 가지고 있다는 것이다. 우리나라의 삼성전자와 같은 경우는 나노 기술 관련 특허를 세계에서 가장 많이 보유한 기업이다.

나노 기술은 빠르게 발전하고 있고 다양한 분야에 응용되고 있다. 나노 로봇 또한 꿈과 공상의 영역을 떠나온 지 오래다. 2040년에 펼쳐질 나노 기술, 나노 로봇의 세상이 벌써부터 궁금하다.

CHAPTER 7

생물 모방 기술

자연이 가르쳐준 것들

미야자키 하야오의 장편 애니메이션 〈바람이 분다〉(2013)는 일본 제국주의가 광기의 절정으로 치닫던 시기에 미쓰비시 중공업에서 전투기 설계를 담당했던 호리코시 지로라는 인물을 다룬 이야기다. 영화에는 그가 식당에서 밥을 먹다가 고등어 가시 하나를 집어 들고 유심히 관찰하는 장면이 나온다.

"아름답지? 곡선이 멋지지 않아?"

호리코시 지로는 고등어 가시의 곡선에서 착안해 기동성이 뛰어난 제로 전투기를 설계한다. 일제는 제로기 1만 대를 만들어 아시아 각국을 침공하고 진주만을 폭격했다가 패망의 길로 나아갔다. 결국 1만 대의 제로기는 모조리 격추되거나 가미카제가 되어 적함에 뛰어드는 운명을 맞이했다. 이 영화는 기술을 맹

목적으로 개발해 아무 데나 쓰면 안 된다는 사실, 좋은 목적을 가지고 기술을 개발해 좋은 곳에 쓰는 것이 가장 중요하다는 사실을 우리에게 일깨워 준다.

또한 이 영화는 자연이 인간에게 얼마나 중요한 스승인지를 이야기하고 있다. 자연에서 얻은 깨달음을 자신이 속한 분야로 끌어와 응용한 사례는 전투기 개발뿐만 아니라 소재 및 건축 등 공학 영역 전반에서 찾아볼 수 있다. 그렇다면 우리는 자연에서 무엇을 배울 수 있을까? 왜 우리는 자연에서 배움을 얻으려 할까?

인류 문명이 오늘날과 같이 발전할 수 있었던 것은 인간이 끌어모을 수 있는 모든 아이디어를 끌어모아 옥석을 가리고 융합하고 응용해온 덕분이다. 사회, 경제, 문화 면에서 일정 수준 이상의 발전을 거둔 나라들은 하나같이 언론 및 출판의 자유와 학문의 자유를 숭상한다. 모든 사람이 자기 의견을 말하도록 허용하고 모두가 자신이 원하는 주제를 탐구하도록 했을 때 문명이 가장 빠르게 가장 선한 방향으로 발전한다는 사실을 알고 있기 때문이다.

권력에 영합하는 언론인과 대중이 사랑하는 작가만이 목소리를 내는 나라는 발전하지 못한다. 권력자의 눈에 든 분과나 대중이 선호하는 분과를 집중적으로 발전시킨다고 해서 그 나라의 지적 수준이 발전하지도 않는다. 수많은 개성과 다양한 관심사, 천차만별의 능력을 보유한 사람들이 고루 모여 하나의 사회

부엉이(좌)와
눈표범(우)의 위장 무늬

를 이룬다는 점이야말로 인류에게 주어진 최고의 선물이다. 이토록 무한한 다양성을 제대로 활용할 줄 아는 국가와 사회만이 발전과 풍요와 진보를 이룰 수 있다.

한편으로 인간은 지구의 다른 생명체들로부터 사회, 경제, 문화, 과학기술의 발전에 도움이 되는 다양한 아이디어를 얻기도 한다. 지구상의 수많은 생명체들은 저마다 다른 외양과 행동과 기능의 형태로 많은 아이디어를 품고 있다. 이들은 오랜 시간에 걸쳐 환경의 압력을 받으며 분화하고 도태되고 선택되며 찬란한 다양성을 이룩했다. 생명체의 유전자는 지구의 역사가 빚어낸 무수한 아이디어가 담긴 저장고다. 서로 다른 환경, 먹이, 포식자, 공생 및 기생 관계의 영향하에 상호작용하며 종의 존망

당랑권(사마귀 권법)의 기본자세. 실전 무예로서의 가치가 사라진 오늘날에도 중국 무술은 중국 문화를 상징하는 요소이자 심신을 단련하는 훌륭한 수단으로서 기능하고 있다.

을 걸고 투쟁한 결과가 그곳에 모두 담겨 있다.

접촉할 수 있는 모든 것으로부터 아이디어를 취하고자 하는 습성에 따라 인류는 다양한 생물들을 관찰하며 사회 문화적 아이디어와 기술적 아이디어를 얻곤 했다. 우리는 물고기의 유선형 몸체를 본떠서 배를 만들었다. 이순신 장군과 휘하의 장인들이 세계 최초의 철갑선인 거북선을 만든 것은 거북을 본 적이 있고 그 특징을 알고 있었기 때문이다. 오늘날 군인들이 얼룩덜룩한 위장 무늬 군복을 입는 것 또한 자신들이 처한 환경에서 포식자의 눈을 속이는 기술을 습득한 다양한 동물들을 관찰해왔기 때문이다.

인간이 동물을 참고해 만든 것 가운데에는 중국의 동물 권법처럼 재미난 것들도 있다. 이를 창시한 무도인들은 학, 뱀, 원숭이, 호랑이, 사마귀 등이 먹이를 사냥하고 적을 물리치는 모습을 관찰하고 각각의 독특한 움직임을 무술 동작으로 만들었다. 동물 권법은 주위의 생물을 면밀히 관찰하고 그들의 생태와 행동으로부터 아이디어를 끌어내는 인류의 창조적 능력을 잘 보여주는 사례라고 할 수 있다.

인간의 지식과 기술이 발전함에 따라 생물의 다양한 형태와 기능을 모방하려는 시도 또한 늘어나고 있다. 최근에는 이를 지칭하는 학술 분과가 따로 생겨날 정도로 본격적인 연구가 이루어지고 있는 추세다. 생물의 생김새와 행동과 기능을 모방해 첨단 기술로 탈바꿈시키는 이 분과를 생물 모방이라고 부른다.

거미에게서 배우다

아서 클라크와 스탠리 큐브릭이 만든 영화 〈2001 스페이스 오디세이〉(1968)는 '인류에게 지성을 준 외계인'이라는 주제를 다루고 있다. 영화가 시작되면 "인류의 여명"이라는 부제가 화면에 떠오르고 한없이 유인원에 가까운 아프리카 초기 인류의 생활 모습이 비춰진다.

그러던 어느 날 유인원 하나가 대지에 박힌 커다란 검은 직육면체를 발견한다. 그가 직육면체에 손을 가져다 대자 유인원의 뇌와 유전자에 어떤 충격이 전해진다. 그러자 우리의 선조는 길길이 날뛰다가 지쳐 잠이 든다. 다시 눈을 떴을 때 그는 지금까지와 다른 눈으로 동물의 뼈를 바라보게 된다. 그것은 더 이상 단순한 뼈가 아니라 손에 쥐고 휘두를 수 있는 도구였다. 이제 선조들은 도구를 사용하는 존재가 되었고, 그로부터 인류의 지성과 전쟁과 문화 또한 비롯되었다.

아서 클라크의 『유년기의 끝』(1953) 또한 이와 유사한 주제를 다룬 작품이다. 최근의 사례로는 테드 창의 『당신 인생의 이야기』(2002)가 영화 〈컨택트〉로 제작되어 많은 인기를 끈 바 있다. 데이비드 브린이라는 SF 작가는 이처럼 열등한 종족을 한 단계 발전한 존재로 이끄는 일을 '지성화Uplift'라는 개념으로 표현하기도 했다. 브린의 지성화 우주 시리즈는 "누가 인류를 지성화했나?"라는 질문의 답을 찾아나가는 우주 대하드라마다.

누가 인류를 지성을 지닌 존재로 만들었을까? 이 질문에 대해 나는 한 가지 가설을 가지고 있다. 인류의 지성화에 지대한 영향을 미친 것은 다름 아닌 거미가 아니었을까.

두 발로 걷는 대형 유인원에 불과했던 인류가 지상의 다른 모든 동물들과 구분되는 지성을 보여준 첫 번째 사례가 바로 실을 잣고 직물을 짜는 것이었다. 캅카스산맥의 줏주아나 동굴에서 발견된 고고학적 증거에 따르면 그 시기는 지금으로부터 3만

4500년 전으로 거슬러 올라간다. 우리 선조들 대부분이 동굴에 기거하며 수렵과 채집 생활을 하던 무렵의 일이다.

실을 잣고 직물을 짜는 기술은 당시 인류가 보여준 기술 수준에 비해 눈에 띄게 정교하고 복잡하며 특별한 아이디어를 필요로 하는 것이었다. 먼저 실이라는 개념을 떠올려야 하고 실을 잣는 방법을 고안해야 한다. 그다음에 실을 엮어 직물을 짠다는 발상을 하고 실로 직물을 엮는 기술까지 개발해 내야 가능한 일이다. 동물 뼈다귀를 휘두르며 가죽 조각을 걸치고 다녔던 우리 선조들이 어떻게 이처럼 획기적인 일련의 아이디어를 떠올리고 그토록 복잡한 기술을 개발할 수 있었을까?

아마도 틀림없이 우리 선조들은 거미를 보고 배움을 얻었을 것이다. 3만 4500년 전 인류 최초의 직물이 탄생하게 된 과정에 대해 확신을 가지고 설명하기는 어려운 일이다. 하지만 아직 농경 생활을 시작하지도 않은 데다 도기도 빚을 줄 몰랐던 인류가 갑자기 바구니를 엮고 밧줄을 꼬고 실과 직물을 만들 수 있었던 것은 훌륭한 본보기가 있었기 때문이 아닐까? 거미는 당시의 선조들이 거처로 삼았던 동굴 둥지에도 많이 서식하는 동물이다. 거미의 생태를 관찰함으로써 선조들은 섬유와 실의 관계를 이해하고 실을 엮어 직물을 짠다는 아이디어를 떠올리며 이를 실행에 옮길 방법까지도 배울 수 있었을 것이다.

식물과 동물로부터 뽑아낸 실을 이용함으로써 인간은 돌을 쪼는 존재에서 정교한 직물로 옷을 지어 입고 아름다움과 문화

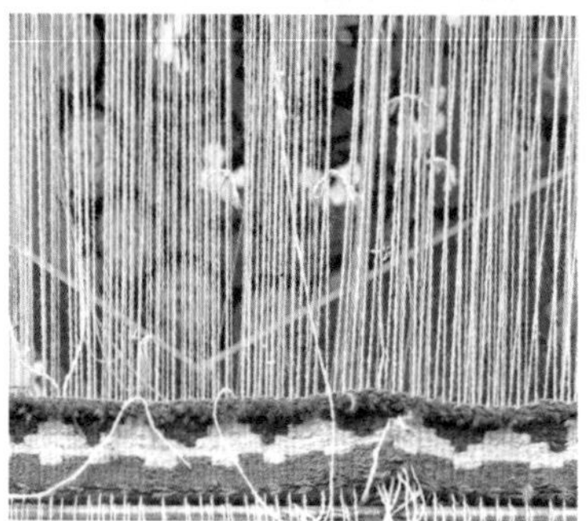

우리에게 많은 가르침을 준 거미줄의 모습(위). 이를 본떠 우리는 그물과 바구니를 짜고(아래 좌) 촘촘한 직물을 엮었다(아래 우).

를 추구하는 존재가 되었다. 조개를 주워 먹던 존재에서 그물로 물고기를 낚는 존재가 되었다. 숲과 사막과 산맥에 가로막혀 오도 가도 못하던 선조들은 천으로 돛을 달아 바람을 타고 밧줄로 배의 속도를 읽어가며 대양을 누비는 탐험가가 되었다.

그러나 우리는 여전히 거미로부터 배울 것이 많다. 잠시 미국 유타주의 로건으로 떠나보자. 이곳에는 유타주립대학교에서 운영하는 독특한 동물 농장이 있다. 여기서 기르는 염소는 겉보기에 평범해 보이지만 깜짝 놀랄 만한 비밀을 가지고 있다.

유타주립대학교 연구진은 염소의 유방 세포 안에 거미줄 단백질을 합성하는 유전자를 이식해 염소젖에서 거미줄 단백질을 분비하도록 만들었다. 거미 유전자를 이식받은 염소들은 거미염소라고 불린다. 연구진이 염소의 형질전환을 통해 거미줄을 생산하는 것은 실제 거미를 동원해 거미줄을 생산하기가 어렵기 때문이다.

거미는 텃세가 심하고 동족을 잡아먹는 습성이 있어서 여러 마리를 한 공간에 두고 키우기가 어렵다. 더군다나 거미줄은 위치와 기능에 따라 일곱 가지 종류로 나뉘는데, 연구진이 수확하고자 하는 거미줄은 그중에서 버팀목 역할을 하는 드래그라인 실크뿐이다. 설령 거미의 집단 사육에 성공한다고 해도 이들이 직접 생산한 거미줄에서 드래그라인 실크를 분리하는 것은 너무 비효율적인 일이다.

이에 연구진은 단백질을 주성분으로 하는 거미 실크의 DNA를 가축의 젖 유전자에 삽입해 거미 실크 단백질을 생성하는 방법을 고안했다. 수많은 가축 가운데 염소를 선택한 것은 효율성 때문이다. 염소는 생후 6개월이 지나면 새끼를 가질 수 있고 임신 기간이 5개월 정도다. 출산 후에는 곧바로 젖을 생산할 수 있다. 먹이를 많이 주면 그에 비례해 많은 젖을 만들어 낸다.

유타주립대학교에서 사육하는 거미염소. 이 녀석들 사실 제법 대단한 녀석들이다.

연구진은 하루에 두 번 염소젖을 짠다. 개체별로 차이는 있지만 한 번에 4리터 정도의 염소젖을 얻을 수 있다.

보통의 염소젖에 비해 거미염소의 젖에는 단백질 하나가 더 추가되어 있다. 드래그라인 실크 단백질이다. 염소젖 1리터에서 먼저 지방을 분리하고 염소젖 단백질과 거미 실크 단백질을 분리하는 과정을 거친 뒤 동결건조 시키면 거미 실크 단백질 분말을 2그램 정도 얻을 수 있다. 이 거미 실크 단백질을 녹인 용액을 세밀한 바늘을 통해 물속에 분사하면 거미줄 같은 가느다란 실을 생산할 수 있다.

이런 복잡한 과정을 거쳐 거미 실크를 생산하는 데에는 몇 가지 이유가 있다. 첫째로 거미 실크는 생물학적 소재라서 석유로 만든 화학 소재와는 달리 환경을 오염시키지 않는다. 둘째로 거미 실크는 고강도와 고탄성이라는 특징을 가지고 있다. 거미줄은 방탄복 소재인 케블라보다 네 배 더 강하고 나일론의 두 배나 늘어나는 꿈의 소재다.

물론 거미염소를 통한 생산 방식으로 자연의 거미줄을 똑같이 재현할 수는 없다. 거미염소의 젖에서 추출한 거미 실크는 진짜 거미줄과 동일한 DNA 및 단백질 배열을 띠고 있지만 단백질의 크기 면에서 차이를 보인다. 진짜 거미줄 단백질의 3분의 1 크기밖에 되지 않아 강도 면에서도 그만큼 취약하다. 하지만 합성섬유보다는 강하면서 탄력적이다.

유타주립대학교 연구진의 목표는 일단 군복의 나일론 소재를 거미 실크로 대체하는 것이다. 나일론은 열에 약하다. 외부 기온이 상승하면 녹아내리므로 나일론 소재 군복을 착용한 군인들의 피부까지 녹여버린다. 반면에 거미 실크는 열을 가했을 때 녹아내리지 않고 부서지는 특징이 있다. 가볍지만 강하고 강하지만 유연한 거미줄은 가히 자연에서 얻을 수 있는 최고의 생물 소재라는 찬사를 받을 만하다.

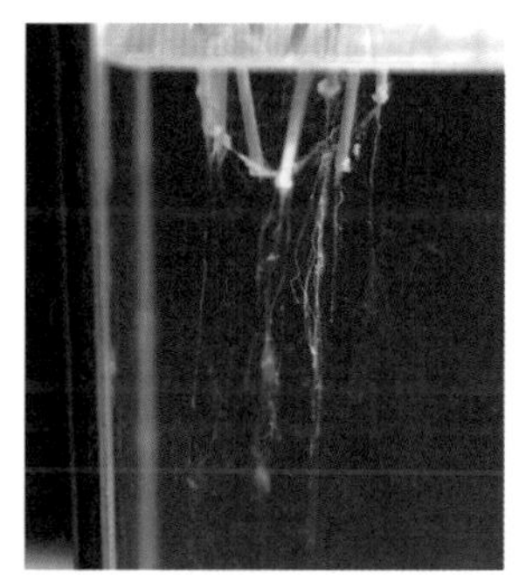

수중 방사 장치를 이용해 거미 실크를 분사한다. 방적 단계 설정에 따라 실의 강도와 탄성을 조절할 수 있다.

의료 부문에 거미 실크를 활용하는 방안 또한 주목받고 있다. 거미줄은 인체에 무해한 단백질이고 유연하면서도 잘 찢어지지 않는다. 이런 특성 때문에 특히 신경 재생에 거미줄을 이용하려는 연구자들이 있다.

신경 재생 수술을 받고 나

면 환부의 움직임을 지탱해줄 물질이 필요하다. 몸을 움직여 신경이 늘어날 때 이를 지탱해주는 물질이 쉽사리 찢어져서는 안 된다. 그래서 오스트리아 빈 국립대학병원의 크리스티네 라트케 박사와 같은 이는 20년 동안 거미 실크를 응용한 신경 재생 연구를 해왔다. 그녀는 신경 재생에 적합한 재료를 찾기 위해 아예 연구실에서 거미를 사육하고 있다.

라트케 박사가 키우는 거미는 황금 원형 거미다. 이 거미가 뽑아내는 거미줄은 매우 강도가 높아서 남태평양 지역에서는 고기잡이 그물로 사용할 정도다. 다른 종의 거미에서 추출한 거미 실크에 비해 인체에 적합한 아미노산 결합을 가지고 있기도 하다. 라트케 박사는 동식물 유전자 이식을 통해 거미줄을 얻는 게 아니라 황금 원형 거미에게서 직접 거미줄을 채집한다. 일주일에 한 번, 15분 동안 모으면 약 200미터 분량의 거미줄을 얻을 수 있다.

이렇게 채집한 거미줄은 끊어진 신경을 복원할 때 이를 연결해주는 지지대 역할을 한다. 신경세포가 그 위에서 올바르게 성장하도록 돕는 것이다. 동물을 대상으로 한 실험에서는 이미 6센티미터가량 손상된 신경을 거미줄을 이용해 복구하는 데 성공했다. 거미줄이 다양한 의료용품의 형태로 수술실을 장악할 날이 머지않았다는 뜻이다.

바람과 물을 가르다

다음으로 살펴볼 생물 모방 기술은 다양한 생물의 생김새에서 유체역학적인 디자인을 추출하는 것이다. 이 부문은 생물 모방 기술 중에서도 특히 오랜 역사를 자랑한다. 우리는 15세기 사람인 레오나르도 다빈치의 글라이더와 비행기 디자인에서 일찌감치 다른 생물을 모방하려 한 시도를 엿볼 수 있다. 이때부터 비행기 디자인은 새와 박쥐의 골격으로부터 도출해 낸 것이 대다수를 차지했다.

비행기 디자인에는 날아다니는 동물뿐만 아니라 해양 동물의 형상도 다수 활용되었다. 공기와 물은 모두 유체이기에 동일한 역학이 적용되기 때문이다. 특히 상어의 몸체와 지느러미는 비행기의 전체 형태뿐만 아니라 꼬리날개와 날개 끝 디자인에 응용되어 비행기의 연료 효율과 조종 안정성을 높이는 데 커다란 역할을 했다.

비행기로 여행을 떠날 때면 우리는 습관처럼 창밖으로 보이는 비행기 날개 사진을 한 장씩 찍곤 한다. 이런 사진들을 한데 놓고 비교해보면 비행기의 기종에 따라 날개 끝 모양이 조금씩 다르다는 사실을 알 수 있다. 날개 끝, 즉 윙팁은 비행 중에 가해지는 항력을 줄이는 데 핵심적인 역할을 하는 부분이다. 날개 끝을 신경 써서 만들지 않으면 비행기가 많은 저항을 받게 되므로 연료 효율이 떨어지게 마련이다.

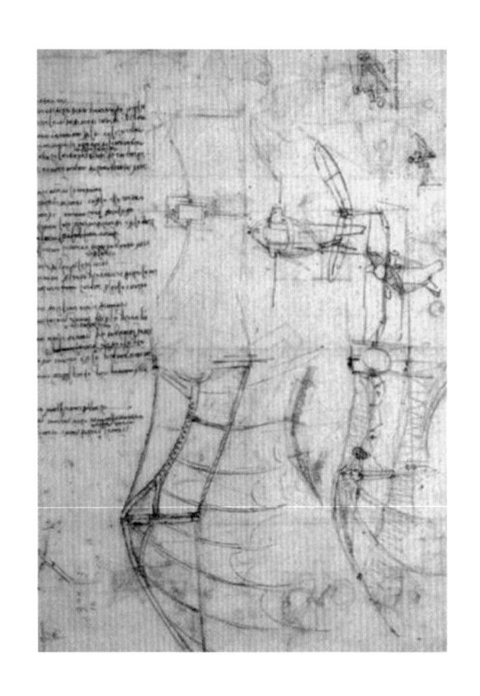

레오나르도 다빈치는 새와 박쥐의 신체 구조와 움직임을 본떠 글라이더와 비행기를 설계했다.

비행기 설계자들이 윙팁을 설계할 때 참고로 삼는 대상 가운데 하나가 상어다. 상어는 물속을 유유히 헤엄치다가도 원할 때면 언제든 폭발적인 속도를 낼 수 있다. 상어의 몸통과 지느러미를 비롯한 모든 부위는 유체를 헤엄쳐 나가는 능력을 극대화하기 위한 자연의 작품이다. 에어버스는 A320의 윙팁 디자인에 상어 지느러미 형태를 적용하기도 했다.

유체역학은 빠르게 공기를 가르고 달려야 하는 자동차와 기차의 디자인이나 각종 자연현상과 강풍을 견뎌야 하는 건물 디자인에 있어서도 중요한 물리학이다. 또한 선풍기와 송풍기처럼 바람을 자유자재로 다루어야 하는 제품을 만들 때에도 중

급강하하는 매(좌)의 형상에 착안해 만든
가변익기 F-14(우)의 모습

요하다.

도심지의 건물들은 지금 이 순간에도 수많은 팬을 동원해 실내 환기에 힘쓰고 있다. 건물의 팬을 돌리는 데 쓰이는 에너지와 이 과정에서 증가하는 엔트로피 또한 막대하다. 건물 숲의 환풍 전선에서도 우리는 엔트로피와 싸워야 한다.

바람이 물체를 만나면 물체를 따라 흐르기만 하는 게 아니라 물체에서 떨어져 나가 제멋대로 흐르기도 한다. 이를 유동 박리라고 부른다. 선풍기를 돌릴 때 유동 박리를 최소화하면, 즉 바람이 선풍기 팬에 딱 붙어서 흐르도록 한다면 선풍기가 최대의 효과를 발휘하게 만들 수 있다.

바람과 물을 가르며 하늘과 바닷속을 나아가는 여러 동물들은 이런 유동 박리를 방지하는 고유한 기관들을 가지고 있다. 여기서 우리가 주목해야 할 동물이 바로 혹등고래다.

2010년대에 비행기를 자주 이용한 사람들은 '샤크렛'이라 불리는 이 날개 끝 디자인이 눈에 익을 것이다. 비행 공포증이 있는 사람들의 눈에는 특히 연약하고 언제라도 툭 끊어질 것처럼 보일지 모르겠으나 이는 기우다. 비행기의 연료 효율과 조종 안정성을 높여 주는 첨단의 디자인이다.

혹등고래는 등에 혹이 많이 나 있을 뿐만 아니라 지느러미에도 혹이 나 있다. 이 혹들이 혹등고래가 수영할 때 지느러미 표면에서 발생하는 유동 박리를 막아주기에 그 거대한 몸집으로도 효율적으로 바다를 누빌 수 있다. 1월에 남극에서 시작해 장장 3개월간 5000킬로미터에 걸쳐 펼쳐지는 혹등고래의 계절성 이주는 지구상에 존재하는 포유류의 이주 가운데 최장 거리를 자랑한다.

서울대학교 최해천 교수 연구실에서는 혹등고래의 혹이 유동 박리를 막아준다는 점에 착안한 팬을 개발했다. 팬의 표면에 우둘투둘한 혹을 만들어 넣고 한 발 더 나아가 가리비 껍질 모양

1월에 남극에서 시작해 3개월간 5000킬로미터에 걸쳐 펼쳐지는 혹등고래의 계절성 이주는 지구상에 존재하는 포유류의 이주 가운데 최장 거리를 자랑한다.

유동 박리가 발생하면 팬을 일정하게 돌리기 위해 더 많은 전력을 사용해야 한다. 돌기를 이용해 팬의 효율성을 높일 수 있다. 매끄러운 팬에 우툴두툴한 돌기를 만들어 넣고 가리비 껍질 모양의 홈을 새겨 넣으면 유동 박리를 줄일 수 있다. 이러한 형태의 팬을 장착한 에어컨은 평균소비전력을 10퍼센트 줄여주고 2데시벨가량 소음을 감소시키는 효과가 있다.

의 홈까지 새겨 넣음으로써 전기를 최대한 효율적으로 활용하는 팬을 제작한 것이다. 상업용 건물뿐만 아니라 가정집에서도 에어컨과 선풍기를 돌릴 때 이런 팬을 사용한다면 엔트로피와의 싸움에 일조하는 것은 물론이고 도시의 숨통을 틔울 수 있다.

영롱하고 찬란하게

인간은 오감 가운데 시각에 가장 크게 의존하는 동물이다. 그래서 시각적 아름다움에 광적으로 집착하는 특성을 보인다.

그러나 인간이 감상할 수 있는 시각적 아름다움은 어디까지나 가시광선 영역에 국한되어 있다. 빨간색에서 보라색으로 이어지는 가시광선의 스펙트럼은 우리에게 행복을 선사하는 감각의 금광이나 다름없다. 직물을 짜기 시작한 이후로 인류는 결이 고운 직물을 짜는 일만큼이나 이를 아름다운 색상으로 물들이는 일을 중요하게 여겨왔다.

옛사람들은 직물을 물들이기 위해 자연에서 직접 색을 취하곤 했다. 꼭두서니, 대청처럼 우리 주변에 흔한 식물을 통해 얻을 수 있는 질 낮은 염료부터 시작해 코치닐이나 인디고처럼 특정 지역에서만 나는 희귀한 염료를 탐하기에 이르렀다.

특히 인디고는 인도 벵골 지방의 특산물인 인디고 풀의 꽃에서 얻을 수 있는 파란색 염료로, 푸른 계통의 색을 내는 염료 가운데 최고로 취급받았다. 영국의 제국주의자들이 인도를 침략한 데에는 인디고의 존재도 한몫했다고 할 수 있다. 영국인들은 아메리카 식민지와 카리브해 식민지에서도 대량의 인디고를 재배했다.

코치닐이나 인디고보다도 희귀하지만 더 오래전부터 쓰인

코치닐은 멕시코 오악사카 지방에서 자라는 선인장에 기생하는 벌레의 이름이다. 이 벌레로부터 아름다운 붉은색 염료를 얻을 수 있다(위). 스페인 제국이 멕시코를 지배하던 무렵, 제국의 가장 중요한 산업 가운데 하나가 코치닐 염료 생산 및 날염 산업이었다. 스페인 화가 디에고 벨라스케스가 그린 <이노센트 10세의 초상>(아래 좌)이나 스페인 플라멩코 댄서의 모습(아래 우)을 보면 코치닐이 스페인 문화를 정열의 붉은색으로 뒤덮었다는 사실을 알 수 있다.

인디고 블루를 제조하는 모습(좌)과
티리언 퍼플을 두른 유스티니아누스 1세(우)

염료로 고둥에서 추출한 티리언 퍼플이라는 보라색 염료가 있다. 오늘날의 레바논에 속한 도시인 티레가 이 염료의 산지로 워낙 유명했기 때문에 티리언 퍼플이라는 이름이 붙었다. 로마제국의 상류층이 사랑해 마지않았던 이 염료는 집정관과 황제의 옷을 물들이는 데 사용되었다. 비잔티움 양식을 대표하는 미술작품인 산비탈레 성당 모자이크화에는 티리언 퍼플로 염색한 옷을 입고 있는 비잔티움 황제 유스티니아누스 1세의 모습이 고스란히 남아 있다.

끝으로 검은색 염료로 각광받았던 로그우드, 스페인어로는 캄페체라고 불리는 나무 이야기를 빼놓을 수 없을 것이다. 로그우드는 멕시코의 캄페체 지방과 벨리즈에서 자라는 나무로 목재의 심부에 염료 물질이 들어 있다. 벨리즈라는 국가가 로그우드 벌목 캠프에서 출발한 나라이고, 카리브해의 해적이 가장 탐

냈던 물품도 로그우드의 검은색 염료였다.

인간이 자연으로부터 시각적 행복을 취하는 일은 1856년을 기점으로 급격히 사양길로 접어들었다. 영국의 윌리엄 헨리 퍼킨이라는 젊은 화학자가 자기 집 다락방에서 세계 최초의 합성염료인 모베인을 발견했기 때문이다.

그 무렵 영국은 아프리카와 인도에 대한 식민 지배에 열을 올리고 있었다. 이들 국가를 식민화하기 위해서는 무서운 열대의 풍토병인 말라리아에 맞서 싸울 약을 만드는 일이 무엇보다도 시급했다. 당시 말라리아 치료제로 널리 알려진 퀴닌은 남아메리카 안데스산맥 고산지대에서 자라는 키나 나무에서 얻을 수 있는 물질이었다.

자연히 유럽의 화학자들은 안데스산맥의 나뭇가지를 사용하지 않고도 퀴닌을 얻는 방법을 연구하기 시작했다. 학생이었던 퍼킨도 퀴닌 합성 실험을 하던 과정에서 우연히 보라색을 띠는 염료를 합성해 냈다.

퍼킨의 발견 이후로 유럽인들은 현존하는 대부분의 색상을 인공적으로 만들어 내는 데 성공했다. 사람들은 더 이상 고둥에서 보라색을 구하려 하지 않았고, 인디고를 대량으로 재배하지 않아도 원하는 색상을 필요한 만큼 만들어 쓸 수 있게 되었다. 합성염료가 널리 쓰이게 되자 스페인의 적색 염료 산업이 몰락하고 벨리즈의 벌목장들은 존재 의의를 잃고 말았다.

더 이상 자연에서 색을 얻을 필요는 없지만 오늘날의 화학

사람들은 금은보석에 매료된다. 단지 값어치가 나가기 때문만이 아니라 빛이 나기 때문이다. 자연의 광학은 우리에게 행복을 선사하는 감각의 금광이나 다름없다.

남미와 중미에서 찾아볼 수 있는 모르포 나비(우)와 아프리카에 서식하는 폴리아 콘덴사타(위). 이들이 선보이는 아름다운 블루 그러데이션은 푸른색 파장 중에서도 미묘하게 서로 다른 파장을 반사하는 수많은 셀룰로오스와 세포에서 비롯된 것이다.

자들은 다시 한번 자연의 광학에 주목하고 있다.

사람들은 금이나 은에 매료된다. 단지 값어치가 나가기 때문만이 아니라 빛이 나기 때문이다. 진주와 옥, 사파이어와 루비, 다이아몬드도 마찬가지다. 특이한 색깔과 더불어 독특한 빛을 내기 때문에 값비싼 보석으로 취급받는다. 보석 세공이란 이러한 원석 상태의 보석을 커팅해서 더 찬란하게 빛을 반사하도록 만드는 작업이다.

화학자들은 자연계에서 빛을 내는 동식물의 껍질이나 날개를 관찰하고, 이들이 각기 미세하게 다른 영역의 빛을 반사하는 셀룰로오스나 세포를 갖고 있으며 그 부분이 빛을 반사하면 아름다운 그러데이션을 그리거나 비눗방울처럼 영롱하게 빛난다는 사실을 알아냈다. 이는 수백 나노미터 크기의 세포들이 만들어 내는 찬란한 빛의 향연이다.

이처럼 생물들이 빚어내는 오색찬란한 색과 빛을 '구조적 색상'이라고 부른다. 다양한 파장을 반사하는 물질들로 구조를 이루어 생성되는 색과 빛이기 때문이다. 이들의 나노미터 단위 구조에 특별한 관심을 보이는 이들이 있다. 광학 필름을 만드는 사람들과 LED를 만드는 사람들이다.

광학 필름은 건축, 전자제품, 차와 비행기의 유리창 코팅 등에 널리 쓰이는 현대의 광학 필수품 가운데 하나다. 광학 필름에 생물들의 구조적 색상을 적용하면 시각적으로 아름다운 필터를 만들 수 있다. 또한 유리가 받는 열을 조절하거나 보안용 필름을 만들 수 있으며, 카메라 플래시를 정면으로 바라보고도 눈이 부시지 않게 할 수 있다.

LED에 구조적 색상을 적용했을 때에도 그와 마찬가지 효과를 거둘 수 있다. LED의 성능과 에너지 효율을 향상시키고 보는 이들의 눈부심을 방지함으로써 최선의 작업 환경 및 엔터테인먼트 환경을 조성해준다.

찰싹 달라붙다

식물과 곤충의 구조적 색상은 이들의 마이크로미터 단위, 나노미터 단위 구조에서 비롯된다. 우리 주변의 동식물을 나노 단위까지 확대해서 관찰하면 많은 창조적 아이디어를 얻을 수 있다. 미세한 구조로 사람들을 깜짝 놀라게 한 동식물 가운데 역사적으로 가장 유명한 것은 도꼬마리 씨앗일 것이다. 도꼬마리 씨앗을 관찰하고 모방함으로써 탄생한 기술인 벨크로는 오늘날 생물 모방 기술의 대명사가 되었다.

기술 중심 중소기업의 천국이라 할 수 있는 스위스에는 세계에서 가장 역사가 깊은 벨크로 제작사가 있다. 1955년에 설립된 '벨크로'의 창업자 조르주 드 메스트랄은 다름 아닌 벨크로를 발명한 장본인이다. 드 메스트랄은 평소 개와 함께 사냥하기를 즐겼다. 인간이 새 사냥을 할 때 진짜 열심히 일하는 건 개 쪽이다. 포인터나 세터 종의 개들이 벌판을 뒤져 새를 찾아내 포인팅하거나 세팅하는 일을 담당한다.

드 메스트랄이 키운 포인터는 사냥을 끝마치고 나면 도꼬마리 씨앗을 몸에 주렁주렁 매단 채 돌아오기 일쑤였다. 이를 신기하게 여긴 그는 도꼬마리 씨앗을 관찰하고 도꼬마리 씨앗이 잘 달라붙는 개털이나 섬유의 특징을 연구했다. 도꼬마리 씨앗은 갈고리 모양의 단단한 '훅'을 가지고 있었고 개털이나 옷감 표면은 부드러운 '루프'로 되어 있었다. 드 메스트랄은 이를 응용해 한쪽 면은 거친 훅으로 만들고 반대쪽 면은 부드러운 루프로 만들어 누구나 쉽게 붙였다가 뗄 수 있는 '훅 앤 루프' 연결 기술을 만들었다. 그리고 벨벳의 '벨'과 코바늘(크로셰)의 '크로'를 이어 붙여 벨크로라고 이름 지었다.

도꼬마리 씨앗의 사례에서 볼 수 있듯이 지구상의 여러 생물들은 삶을 도모하고 번성하기 위해 어딘가에 달라붙곤 하는 경우가 있다. 식물의 씨앗은 스스로 알아서 잘 날아가는 편이지만 사슴이나 얼룩말, 곰과 같은 동물의 털에 찰싹 달라붙어서 새로운 땅으로 퍼져나가기도 한다. 따개비나 홍합 같은 생물들은 바닷속 축축한 바위에 달라붙어 살아가다가 때때로 고래 등에 올라탄 채 새로운 바다로 진출한다. 벼룩은 쥐의 털에 붙어 이동하고 온갖 바이러스가 벼룩에 달라붙어 세상 각지로 퍼져나간다. 그리고 거미는 벌레들이 찰싹찰싹 달라붙지만 본인은 그 위로 뚜벅뚜벅 걸어 다닐 수 있는 거미줄을 생산해야 한다.

만인의 찍찍이 벨크로(좌)와
도꼬마리 씨앗(우)

게코의 발바닥 모양(위)과 이를 마이크로미터 단위로 확대한 모습(아래)

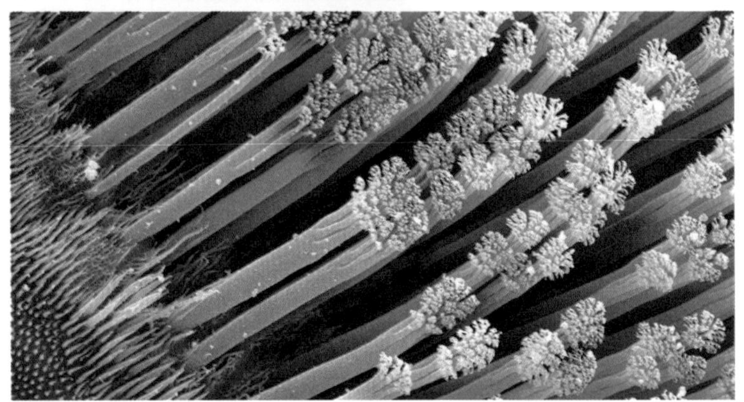

어딘가에 찰싹 달라붙는 일에 능숙한 생물을 이야기할 때 게코를 빼놓을 수 없다. 열대지방 나라들로 여행을 떠나면 우리말로 도마뱀붙이라고 하는 게코들을 많이 만나볼 수 있다. 게코는 숲에도 살지만 인가 벽이나 기둥에 붙어서 생활하는 경우가 많기 때문에 여행자의 눈에도 잘 띄곤 한다. 사람한테 해를 끼치는 법이 없고 오히려 모기와 각종 벌레를 잡아먹으므로 이로운 동물이라 하겠다.

게코가 벽이나 천장에 납작 붙어 있다가도 빠르게 벽면을 따라 내달리는 모습은 보는 이들의 경탄을 불러일으키기에 충분하다. 게코는 인간을 대신해 벌레를 청소해줄 뿐만 아니라 우리에게 많은 기술적 영감을 준다. 게코 발바닥은 다른 어떤 동물과도 다르게 생겼으며 나노미터 단위의 돌기가 빽빽하게 돋아나 있어 어디에나 쉽게 달라붙을 수 있다.

게코의 발바닥은 여러 가지 척도 면에서 인류의 접착력을 향상시켰다. 크게는 신발 밑창과 타이어를 만드는 데 게코 발바닥의 미세 구조가 응용되었다. 그보다 훨씬 작게는 접착력 강한 테이프와 유리벽을 오를 수 있는 클라이밍 장비를 만드는 데 게코 발바닥의 도움을 받았다.

게코 발바닥과 더불어 최근에는 홍합의 족사에 대한 연구와 응용이 활발하게 이루어지고 있다. 홍합은 미끌미끌한 바닷속 바위에 달라붙어 거센 파도를 견뎌내며 삶을 이어나가고 번식을 한다. 홍합은 지난 2000년간 인간이 제작한 배 밑창에 달라붙어 세계를 항해한 종족이기도 하다.

바위에 붙은 홍합을 자세히 관찰하면 바위와 접촉한 면적이 그리 넓지 않다는 사실을 알 수 있다. 홍합은 바위에 달라붙기 전에 먼저 발로 바위 표면을 청소하고 약간의 진공 공간을 만든 다음 그 공간 내에 족사를 설치한다. 족사는 끄트머리에 생체 접착제를 분비하는 부위가 달린 일종의 실이다. 특수한 수산화 아미노산으로 이루어진 이 생체 접착 성분에 홍합의 접착력의 비밀이 숨어 있다.

물속에서도 강력한 접착력을 유지하는 특성 때문에 홍합의 생체 접착 성분은 수분이 많은 인체 곳곳에 다양하게 활용될 여지가 있다. 이를테면 망막박리 현상을 치료하는 데 쓰이는 접착제는 다음의 세 가지 요건을 갖추어야 한다. 물속에서 접착력을 유지해야 하고, 접착력이 강해야 하며, 안구 내 독성 문제가 없어야 한다. 홍합의 생체 접착 성분은 이 세 가지 요건을 모두 만족시킨다.

또한 홍합의 생체 접착 성분으로 수술 환부를 봉합하면 실로 꿰매 봉합한 것에 비해 회복 속도가 빠르다. 접착제 자체가 생체 성분이기 때문에 환부를 봉합하는 동시에 자연스럽게 인체의 일부로 녹아들어 상처 부위의 자연 재생을 방해하지 않는다. 게다가 혈소판을 뭉치게 해주는 역할도 수행하므로 지혈에도 효과적이다.

거미 실크를 얻기 위해 염소의 유전자를 조작해야 했던 것처럼 홍합의 생체 접착제를 얻는 일도 수월하지는 않다. 홍합에서 바로 추출할 수 있다면야 더할 나위가 없겠지만 그와 같은 방식으로는 얻을 수 있는 양이 너무 적다. 홍합 접착 단백질 1그램을 얻으려면 홍합 1만 마리가 필요한데 그마저도 충분치 않다.

이에 포항공과대학교의 차형준 교수 팀은 미생물 배양 기법을 통한 홍합 단백질 대량생산의 가능성을 타진했다. 홍합 접착 단백질 유전자를 재설계한 뒤 미생물에 투입하면 미생물이 분열하면서 수많은 홍합 접착 단백질을 생성해 내는 방식이다.

게코의 발바닥에서 더 많은 가르침을 얻는다면 우리는 스파이더맨처럼, 아니 게코맨처럼 3차원 세상을 자유롭게 이동할 수 있을 것이다.

이렇게 생성한 단백질에 마지막으로 히알루론산이라는 물질을 투입한다. 홍합은 족사를 이용해 진공 공간을 만들어 그 안에 접착 성분을 주입하지만, 우리가 생체 접착제를 사용할 때는 그냥 수중에서 사용해야 한다. 단백질은 물과 접촉하면 용해되는 성질이 있으므로 특수한 화학물질을 이용해 이를 보정할 필요가 있다. 양전하 성질을 띠는 홍합 접착 단백질과 음이온 고분자 상태인 히알루론산을 섞으면 두 물질이 서로 결합해 고농축 액상 형태로 변한다. 이 과정을 통해 단백질 접착제가 물에 쉽게 용해되는 문제를 해결할 수 있다.

미생물 배양 기법으로 생산한 홍합 접착제는 고농축 액상 형태를 취하고 있기에 물속에서도 안정적이다. 동일한 상처 부위에 적용했을 때 수술용 봉합사보다 홍합 접착제를 사용한 쪽의 회복이 더 빠르다. 겔 상태의 접착제에 빛을 쬐어주면 단백질의 활동이 더욱 왕성해져서 보다 빠른 속도로 접합이 진행된다.

홍합 접착 단백질의 용도는 수술 시 봉합에 사용하는 것 외에도 다양하다. 신경 손상을 치유하는 도관으로 쓰는 방법도 개발되고 있다. 단백질을 거미줄처럼 가느다란 실로 방사해 나노섬유를 만들어 활용하는 것인데, 신경세포가 여러 방향으로 뻗어나가면서 재생하면 부작용이 있기 때문에 한 방향으로만 자라나도록 도와주는 역할을 한다. 한편 혈액의 응고를 담당하는 혈소판과 혈장 단백질 용액에 홍합 접착 단백질을 떨어뜨리면 이내 서로 뭉친다는 점을 이용해 지혈제로도 활용할 수 있다.

미끄러뜨리다

벨크로의 성공 이후로 인간은 생물의 미세한 구조와 기능을 관찰하고 모방하는 일에 박차를 가했다. 특히 나노세계를 관찰할 수 있는 현미경이 개발된 오늘날에는 과거 불가사의하게만 여겨졌던 생물들의 놀라운 기능이 미세한 구조 안에 숨겨져 있었다는 사실이 속속 밝혀지고 있다.

오늘날 주목받고 있는 나노 생물 모방 기술 가운데 한 가지는 벨크로와 정반대 역할을 한다. 벨크로가 두 개의 서로 다른 면을 손쉽게 붙였다 뗄 수 있도록 해준다면 이 기술은 모든 것들이 서로 미끄러지게 만든다.

오래전부터 사람들은 연잎을 보며 경탄을 금치 못했다. 비 내리는 날 연잎에 떨어진 빗방울은 그대로 또르르 잎 표면을 굴러 지면으로 떨어진다. 그래서 사람들은 종종 개구리가 연잎 우산을 쓰고 다니는 모습을 묘사하곤 했다. 실제로 개구리가 연잎 밑에 들어가 비를 피하는 광경을 종종 목격하기도 한다.

연잎처럼 물을 극도로 배척하는 표면을 초소수성 표면이라고 한다. 물길이 이리저리 잘 트여 있어서 표면이 도통 물에 젖지 않는다. 다른 식물들의 경우에도 종종 관찰할 수 있지만 연잎의 사례가 워낙 친숙하기 때문에 연잎효과라고 부른다.

매끈해 보이는 연잎 표면은 사실 나노 단위의 돌기 구조를 가지고 있다. 돌기 속에 돌기가 있고 그 속에 또 돌기가 있는 프랙털 구조다. 돌기 사이에 형성된 공기층이 물을 밀어내는 작용을 한다. 처음 연잎을 나노 현미경으로 관찰하고 이러한 돌기 구조를 발견한 이들은 환호했다. 연잎의 나노 돌기 구조를 모방한 소재를 만든다면 완벽에 가까운 방수 효과를 얻을 수 있기 때문이다.

우리는 건물의 외벽에 페인트를 칠함으로써 구조를 보호하려 한다. 이때 나노 입자를 활용하면 건물에 자외선 차단제를 바르는 효과를 더해 건물의 노화를 방지할 수 있다. 여기에 연잎의

연잎처럼 물을 극도로 배척하는 표면을 초소수성 표면이라고 한다. 물길이 이리저리 잘 트여 있어서 표면이 도통 물에 젖지 않는다. 다른 식물들의 경우에도 종종 관찰할 수 있지만 연잎의 사례가 워낙 친숙하기 때문에 연잎효과라고 부른다.

돌기 구조를 모방한 코팅까지 곁들인다면 물에도 침식당하지 않게 된다. 나노 기술과 생물 모방 기술을 융합해 건물을 코팅하면 천 년 뒤에도 굳건히 서서 번쩍번쩍 빛을 내는 랜드마크를 세우는 일이 이론적으로 가능하다. 괘씸하게도 건물 벽에 방뇨를 일삼는 못된 녀석들로부터 건물을 지켜낼 수 있는 것은 물론이다.

또한 고층 건물 유리창이나 자동차 표면에 미세한 나노 돌기 구조를 깎아 넣으면 좀처럼 지저분해지지 않고 청소하기도 쉬워진다. 간단히 물만 뿌려도 먼지와 때가 씻겨 내려가 때 빼고 광낸 것 같은 효과를 내기 때문이다.

나노 돌기 구조를 이용해 모든 것을 미끄러뜨리는 여러 식물 가운데 특히 흥미로운 것이 식충식물이다. 전 세계적으로 수백 종에 이르는 식충식물 중에는 매끄러운 잎을 이용해 벌레를 잡는 것들이 많다. 향긋한 미끼로 벌레를 유인한 다음 소화효소와 박테리아가 가득한 통발 속으로 미끄러뜨려서 천천히 녹여 먹는 것이다.

그런데 이 식물들의 잎은 연잎의 매끄러운 표면과는 다른 구조를 가지고 있다. 벌레잡이통풀의 미끌미끌한 잎 또한 나노 세계의 미세 돌기로 이루어져 있지만, 돌기들 사이에 공기를 가두는 대신 수분을 채워 벌레를 미끄러뜨린다.

비가 올 때 차가 미끄러지는 것은 아스팔트의 표면에 난 돌기 사이사이에 빗물이 들어차 수막을 형성하기 때문이다. 수막이 형성된 도로 위에서 브레이크를 잡으면 차가 멈추는 게 아니

통발 형태의 식충식물 가운데 하나인 네펜테스 로위. 보르네오섬에 서식하는 벌레잡이통풀이다.

라 수막 위로 속절없이 미끄러진다. 큰 사고가 나더라도 이상하지 않다.

벌레잡이통풀도 그와 마찬가지 원리로 벌레를 잡는다. 이들은 물기가 없을 때에는 벌레를 미끄러뜨리지 못한다. 하지만 비가 온 다음이나 언제나 습기가 가득한 열대우림에서는 잎 표면의 나노 돌기 사이사이에 수분이 들어차 수막을 형성한다. 벌레들이 그 위에서 아무리 발버둥 쳐도 그들이 향할 곳은 효소와 박테리아가 기다리는 생지옥뿐이다.

벌레잡이통풀의 표면 구조는 특히 선박 표면을 가공할 때 참고할 만하다. 건물과 달리 선박의 표면은 항상 물에 접촉한 상태이므로 물을 활용하는 코팅이 훨씬 유용하다. 선박 표면에 벌레잡이통풀의 나노 돌기 코팅을 한다면 따개비와 홍합의 족사도 속수무책일 수밖에 없다.

이렇게 함으로써 우리는 두 가지의 커다란 이득을 얻을 수 있다. 첫째로 선박의 연료 효율을 증가시켜 경제성을 높이고 환경오염을 줄일 수 있다. 둘째로 침입종의 개체 수를 줄일 수 있다. 따개비와 홍합 등의 해양 생물은 배 밑창에 찰싹 달라붙어서 인류가 가는 곳이면 어디든 함께 옮겨 다녔다. 그로 인해 곳곳의 해양과 연안 생태계가 외지에서 온 따개비와 홍합으로 넘쳐나고 토종들이 밀려나는 사태가 발생했다.

우리나라의 유명 침입종 사례인 황소개구리나 배스, 뉴트리아를 통해 알 수 있듯이 침입종은 현지 생태계를 교란함으로써 생태적 다양성을 훼손한다. 선박에 벌레잡이통풀 코팅을 한다면 배 밑창에 들러붙어 오대양을 여행하는 침입종의 수를 줄일 수 있다. 자연의 슈퍼 파워가 문제가 될 때 이를 또 다른 자연의 슈퍼 파워로 처리하는 셈이다.

똑똑하게 짓다

인류는 방직 기술만큼이나 건축 기술을 중시하며 꾸준히 발전시켜 왔다. 가장 먼저 발전한 건축술이자 많은 건축의 근본이 되는 기술은 엇갈리게 쌓기다. 이는 어린 아이들이 블

앵무조개의 영롱한 진주모는 나노미터 단위의 재료가
사용된 궁극의 건축물이다.

록을 가지고 놀 때 가장 먼저 배우는 기술이기도 하다. 벽돌, 돌, 목재를 엇갈리게 쌓아야 돌과 목재가 서로의 하중을 나누어 받아 튼튼한 집을 지을 수 있다.

벽돌과 돌을 엇갈리게 쌓으며 사이사이에 모르타르를 발라 접착한다. 모르타르 가운데 가장 유명한 것은 시멘트다. 로마제국의 건축가들은 남부 이탈리아의 화산재와 골재를 섞어 시멘트를 만들었다. 시멘트 모르타르에 자갈을 넣어 굳히면 콘크리트가 된다. 콘크리트는 단단하고 오래갈 뿐만 아니라 물에도 잘 침식당하지 않는 우수한 건축 자재다. 로마인들은 콘크리트로 도시에 수로교를 연결하고 판테온을 지었으며 목욕탕과 저수조를 만들었다.

흰개미 집의 모습(위). 어찌 보면 안토니오 가우디의 사그라다 파밀리아(아래)와 닮았다.

앵무조개의 안쪽 면, 영롱한 진주 빛깔을 내는 구조를 진주모라고 부른다. 사람의 힘으로는 깨뜨릴 수 없는 이 진주모를 전자현미경으로 관찰해보면 자연이 로마 건축술을 동원해 이를 만들었다는 사실을 알 수 있다. 진주모는 두께가 수백 나노미터 수준인 광물 성분을 서로 엇갈리게 쌓고 그 사이사이에 두께가 수십 나노미터 수준인 유기물 모르타르를 채워 넣은 궁극의 건축물이다.

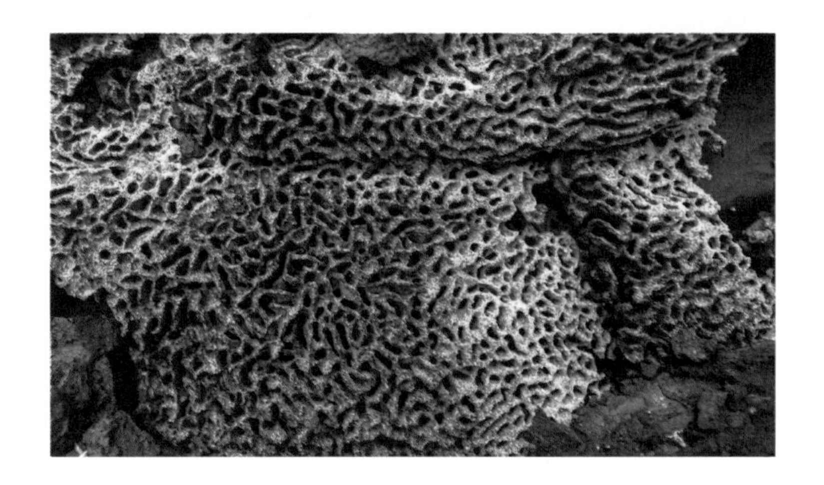

흰개미 집의 단면. 다공성 구조가 무엇인지 잘 보여준다.

우리가 생물의 나노 구조를 들여다보기 전에는 이런 식으로 미세 구조를 쌓아올릴 생각조차 하지 못했다. 하지만 일단 앵무조개의 진주모를 접한 후에는 나노 구조를 활용해 튼튼한 건축 자재를 만들려고 시도하고 있다. 아직은 누구도 진주모와 같은 구조의 건축 자재를 대량으로 생산하는 데 이르지 못했지만, 진주모의 구조는 미래 우주선의 나노 자가 치유 엔진과 미래 주택의 근간이 되기에 가장 유력한 나노 구조임이 분명하다.

때로 인간은 동식물로부터 보다 거시적인 건축 기술을 배우기도 한다. 흰개미는 로마인들에 버금가는 대담한 건축가다. 흰개미가 축조한 건축물은 기괴한 외양 때문에 그다지 아늑해 보이지 않는다. 그러나 기능성 면에서는 내로라하는 건축가들도 감탄을 금치 못할 만큼 놀라운 성능을 보여준다.

흰개미는 아프리카 건조 지역의 혹독한 환경 속에서 집을 짓고 산다. 밤은 몸이 오들거릴 만큼 춥고 낮은 살이 익을 정도로 덥다. 이런 환경 속에서도 흰개미 집 내부는 온도와 습도가 항상 적절하게 유지된다. 보일러도 없고 나노 자외선 코팅제도 없고 에어컨이나 가습기도 없는데 말이다.

흰개미 집의 놀라운 기능성은 특유의 다공성 구조에 기인한다. 흰개미들은 집을 지을 때 집 안 곳곳으로 공기가 통하며 열을 발산하고 분산시키도록 만든다. 인간이 아파트를 지을 때처럼 외벽을 단단하게 발라버리는 것이 아니라 오만 구멍으로 공기가 순환될 수 있도록 만드는 것이다. 사막 한복판에 있는 커다란 바위에 이리저리 동굴을 파고 그 안에 들어가 있으면 바깥 기온보다 10도는 낮은 온도를 체험할 수 있다. 흰개미 집도 똑같은 방식으로 열을 순환시키고 발산하며 내부 온도를 일정하게 유지한다.

오늘날의 건축가들은 흰개미 집과 같은 구조로 공기의 대류가 이루어지는 공간을 설계해 실내 온도 조절에 투입되는 에너지를 감축하려고 한다. 대표적인 예가 건물의 외벽을 두 겹으로 설계하는 것이다. 그러면 두 벽 사이의 공기가 끝없이 순환하면서 건물 전체에서 열을 빼앗아 외부로 내보낸다. 이와 같은 수단을 활용하면 건물의 냉난방에 쓰이는 에너지를 10퍼센트 이상 절약할 수 있다.

모두의 생물 모방

생물 모방은 지구 각지에 서식하는 동식물의 생김새, 거시적 구조, 행태, 그리고 나노 세계의 특성에 이르는 모든 부분에서 아이디어를 끌어내는 학문이다. 다양한 생물들이 지닌 적응적 특성은 대부분 인간에게도 해당된다. 우리도 다른 생물들과 마찬가지로 지구의 자식들이고 태양으로부터 에너지를 받으며 동일한 기후 환경에 적응해 살아가기 때문이다. 자연에는 우리가 배우고 탐구할 만한 적응적 특성들이 여전히 많다.

식물의 잎이 줄기에 배치되는 모양을 잎차례라고 부른다. 알로에 폴리필라는 지구상의 식물 가운데 가장 놀라운 잎차례를 보여준다. 식물의 잎차례를 인간 생활의 어떤 부분에 응용할 수 있을까? 놀랍게도 사람들은 잎차례에서 태양광 패널을 최적으로 배치하기 위한 아이디어를 얻었다. 식물의 잎이 특정한 형태로 돋아나는 것은 모든 잎이 최대한으로 햇빛을 받아 원활하게 광합성을 하기 위해서다. 태양광 패널의 배치를 놓고 고민하던 사람들은 식물의 잎차례를 연구함으로써 태양광 발전의 효율을 높였다.

우리가 저마다의 자리에서 독특한 관심을 가지고 자연을 관찰할 때 자연은 다른 누구도 알려주지 않는 획기적인 아이디어를 속삭여줄 것이다.

놀라운 잎차례를 보여주는 알로에 폴리필라(위)

영국 브리스틀에 설치된 태양광 나무(아래)

EPILOGUE

더 나은 미래를 위한 기술

나는 가끔 내가 인류 역사의 최고 전성기를 살고 있다는 생각을 한다. 앞으로 우리가 과연 이보다 더 좋은 세상에서 살 수 있을지 의문이 들 때가 있기 때문이다.

돌이켜 보면 인류 문명이 급격히 발전하고 인간이 누리는 풍요가 늘어날수록 지구의 자연은 더 빠른 속도로 파괴되었다. 우리는 18세기와 19세기의 산업혁명을 거론하며 이때부터 인류가 지구 환경에 나쁜 영향을 미치기 시작했다고 이야기한다. 하지만 각종 지표를 살펴보면 인류가 정말로 지구에 나쁜 영향을 미치기 시작한 것은 2차 세계대전이 끝난 뒤, 20세기 후반에 들어와서의 일이다.

이때부터 우리는 기존 삼림의 대부분을 파괴하고 다수의 생물 종을 멸종시켰으며 물고기들의 씨를 말렸다. 20세기에 인류가 풍요를 향해 얼마나 놀라운 속도로 전진했는지를 떠올려

본다면, 그러한 풍요의 대가로 지구의 자연을 희생시켰으리라는 점이 자못 명확해 보인다.

20세기의 온갖 어려움과 악의와 음모와 실패, 그리고 그 와중에도 계속해서 이어져온 선량한 시도 덕분에 21세기의 인류는 극단적 대립 관계가 대부분 무마된 평화의 시대를 누리고 있다. 독재 정권도 하나둘 역사 속으로 사라져가고 세계 각지의 개발도상국들이 풍요로운 단계로 진입하고 있다. 가깝게는 지금 내가 누리는 생활을 돌이켜봐도 불편하고 부족한 부분이 거의 없다.

그러나 21세기의 지난 20년 동안에도 우리는 인류 문명과 지구 환경 양쪽 모두를 이롭게 하는 획기적인 돌파구를 만들지 못했다. 그 대신 어마어마한 규모의 환경 파괴는 계속되었다. 최근 들어 의학계에서는 각종 유해물에 노출된 채 유년 시절을 보낸 오늘날의 어린아이들이 인류 최초로 이전 세대에 비해 수명이 줄어드는 세대가 되리라는 우려의 목소리도 들려온다.

하지만 여러 분야에서 미래를 준비하는 사람들의 행보를 자세히 들여다볼 때면 이런 비관적인 전망이 희망으로 바뀌곤 한다. 세상 곳곳에는 보다 나은 미래, 인간과 자연이 모두 풍요로운 세계를 만들기 위해 지혜와 노력을 아끼지 않는 사람들이 많다. 그리고 이들은 저마다의 분야에서 실질적인 성취를 이루고 있다.

미래를 대비하는 사람들이라고 하면 주로 환경운동가를 떠올리기 쉽다. 이들이 지구의 미래를 위해 크나큰 기여를 한다는 점에는 의심의 여지가 없다. 하지만 각종 기술 분야에서 연구와 실천에 매진하는 연구자들 또한 우리로 하여금 미래를 낙관하게 만드는 데 일조하고 있다.

우리는 분명 환경을 그다지 생각하지 않고 우리의 행동이 다른 생명들에게 미치는 영향을 크게 감안하지 않고 우리가 지구를 얼마나 착취하고 있는지에 별 관심을 두지 않은 채 과학기술을 발전시켜왔다. 하지만 오늘날의 과학기술 분야 연구자들은 작은 기술 하나를 개발할 때에도 "이것이 화석 에너지 소모를 줄이는 기술인가?", "이 기술이 과거의 기술에 비해 환경오염을 얼마나 덜 발생시키는가?", "이 기술은 지구의 풍요를 위해 적합한 기술인가?"라는 질문을 가슴에 품고 연구에 임한다.

이들의 기술을 평가하는 우리의 기준 또한 마찬가지로 변화했다. 아무리 효율적인 엔진을 만든다 해도 기존의 엔진에 비해 환경 파괴와 공해를 더 많이 발생시킨다면 사람들의 관심을 받지 못한다. 그 대신 다소 불편하고 성능이 떨어진다 하더라도 지구 환경에 더 도움이 되는 기술이 각광받고 모두가 그런 기술을 소비하고 싶어 한다.

지금까지 이 책에서 살펴본 미래 기술들이 모두 인류의 삶을 크게 변화시킬 기술임과 동시에 인간과 지구의 공존을 추구하는 기술이라는 점은 무척 고무적이다. 보다 효율적인 배터리 기술은 에너지의 낭비를 줄이고 공해를 덜 발생시킬 것이다. 배터리 기술과 접목된 자율주행 기술은 교통사고를 줄이고 교통 체증을 경감하고 공해 발생을 감소시킬 것이다. 레이저를 활용한 핵융합 기술, 각종 나노 기술과 생물 모방 기술도 마찬가지다. 개인적으로는 육류 소비문화에 변혁을 가져올 3D 프린팅 기술에 가장 눈길이 간다. 우리는 3D 프린터로 다양한 취미 활동을 즐기면서 동시에 지구 환경에 많은 것을 돌려주는 식생활 문화를 갖출 수 있다.

앞으로 세상에 막대한 영향을 미칠 이 기술들은 우리가 자기 자신을 돌아볼 줄 아는 존재이며 그럼으로써 때로는 결코 바꿀 수 없다고 생각했던 스스로의 본성을 바꾸기도 하는 존재라는 사실을 알려준다. 우리는 옛사람들의 후손이지만 결코 그들과 같은 사람이 아니다. 우리가 개발하는 기술은 과거의 기술에 바탕을 두고 있으나 그때와는 완전히 다른 목표를 지향한다. 새로운 삶의 목적을 향해, 새로운 문명의 목표를 향해 우리가 이어가는 노력들이야말로 우리의 희망이다.

읽을거리

『20세기 기술의 문화사』, 김명진, 궁리
『낙원의 샘』, 아서 C. 클라크, 아작
『다를수록 좋다』, 김명철, 샘터
『로봇 시대, 인간의 일』, 구본권, 어크로스
『마션』, 앤디 위어, 알에이치코리아
『물질의 물리학』, 한정훈, 김영사
『상상이 현실이 되는 순간』, 조엘 레비, 행북
『수소 혁명』, 제레미 리프킨, 민음사
『스타십 트루퍼스』, 로버트 A. 하인라인, 황금가지
『신의 망치』, 아서 C. 클라크, 아작
『안드로이드는 전기양의 꿈을 꾸는가』, 필립 K. 딕, 폴라북스
『열대야』, 소네 케이스케, 북홀릭
『와인드업 걸』, 파올로 바치갈루피, 다른
『위험한 과학책』, 랜들 먼로, 시공사
『총보다 강한 실』, 카시아 세인트 클레어, 윌북
『특이점이 온다』, 레이 커즈와일, 김영사
『화학, 인문과 첨단을 품다』, 전창림, 한국문학사

PHOTO CREDITS

023p 이타이푸 댐: ©Prisma by Dukas Presseagentur GmbH | Alamy Stock Photo | 북앤포토
040p 칠레 아타카마 소금사막의 리튬 생산: ©Hemis | Alamy Stock Photo | 북앤포토
100p 최초의 우주복 SK-1: ©SPUTNIK | Alamy Stock Photo | 북앤포토
111p hybrid of assistive limb. cyberdyne HAL: ©EPA | 연합뉴스
125p shadow hand: ©PA Images | Alamy Stock Photo | 북앤포토
141p beehex 3d food printer: ©BeeHex, LLC | 북앤포토
153p 3d printer in ISS: ©NG Images | Alamy Stock Photo | 북앤포토
199p 스눕독과 투팍: ©Christopher Polk | Getty Images Entertainment | 게티이미지코리아
201p 마이클 잭슨: ©Kevin Winter | Billboard Awards 2014 | Getty Images Entertainment | 게티이미지코리아
270p 폴리아 베리인 폴리아 콘덴사타: ©GWI/Debbie Jolliff | Age fotostock | 토픽이미지스
274p 도마뱀 발바닥 마이크로 사진: ©POWER AND SYRED | SCIENCE PHOTO LIBRARY | 북앤포토
그 외 셔터스톡, EBS

우리의 상상은 현실이 된다
CROSS TECHNOLOGIES

1판 1쇄 발행 2020년 12월 28일
1판 2쇄 발행 2021년 11월 25일

지은이 김명철

펴낸이 김명중
콘텐츠기획센터장 류재호 | **북&렉처프로젝트팀장** 유규오
북팀 박혜숙, 여운성, 장효순, 최재진 | **북매니저** 전상희
마케팅 김효정, 최은영 | **방송 이미지 데이터 정리** 박태립
기획·책임편집 고래방(최지은, 양은영) | **디자인** 말리북(최윤선, 정효진)
제작 재능인쇄 | **일부 사진 진행** 북앤포토

펴낸곳 한국교육방송공사(EBS)
출판신고 2001년 1월 8일 제2017-000193호
주소 경기도 고양시 일산동구 한류월드로 281
대표전화 1588-1580 **홈페이지** www.ebs.co.kr

ISBN 978-89-547-5668-6 04400
ISBN 978-89-547-5667-9 (세트)